高等职业

动力电池管理及维护技术

主　编　邹明森
副主编　梅德纯　赵延科
参　编　金　峰　黄　华　饶志锋
　　　　杜　超　彭小伟

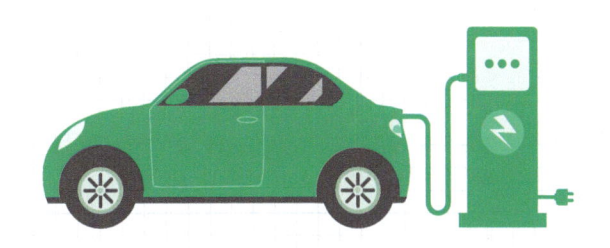

高等教育出版社·北京

内容简介

本书是高等职业教育新能源汽车专业新形态一体化教材，本书首先通过绪论介绍了动力电池发展历程和动力电池的分类，接着从动力电池的基础知识、动力电池管理系统、动力电池的充电系统和动力电池的维护与故障检测四个方面划分教学项目，每个教学项目中包含若干个教学任务，任务的内容主要包括：动力电池基础知识认知、动力电池包的更换、动力电池能量管理系统拆装、动力电池能量管理系统的检测、动力电池的充电、电动汽车充电系统的维护、电动汽车车载充电机的更换、动力电池的维护和动力电池的故障检测。教学任务的设计注重实践性和应用性，与实际工作零距离衔接。

本书内容丰富，图文并茂、实用性强，可供高等职业院校汽车类相关专业教学使用，也可作为从事新能源汽车相关领域的工程技术人员、管理人员和科研人员的参考用书。

授课教师如需要本书配套的教学课件、电子教案等资源或是其他需求，可发送邮件至邮箱 gzjx@pub.hep.cn 联系索取。

图书在版编目（CIP）数据

动力电池管理及维护技术 / 邹明森主编 . —— 北京：高等教育出版社，2021.7（2025.5 重印）

ISBN 978-7-04-052395-9

Ⅰ.①动… Ⅱ.①邹… Ⅲ.①电动汽车 – 电池 – 管理 – 高等职业教育 – 教材②电动汽车 – 电池 – 维修 – 高等职业教育 – 教材 Ⅳ.①TM91

中国版本图书馆 CIP 数据核字（2019）第 163115 号

策划编辑	姚 远	责任编辑	姚 远 张值胜	封面设计	赵 阳	版式设计	童 丹
插图绘制	于 博	责任校对	陈 杨	责任印制	张益豪		

出版发行	高等教育出版社	网　　址	http://www.hep.edu.cn
社　　址	北京市西城区德外大街 4 号		http://www.hep.com.cn
邮政编码	100120	网上订购	http://www.hepmall.com.cn
印　　刷	北京中科印刷有限公司		http://www.hepmall.com
开　　本	787mm×1092mm　1/16		http://www.hepmall.cn
印　　张	12.25		
字　　数	270 千字	版　　次	2021 年 7 月第 1 版
购书热线	010-58581118	印　　次	2025 年 5 月第 4 次印刷
咨询电话	400-810-0598	定　　价	38.80 元

本书如有缺页、倒页、脱页等质量问题，请到所购图书销售部门联系调换

版权所有　侵权必究

物　料　号　52395-00

前 言

随着电动汽车的保有量越来越多，电动汽车的售后服务市场前景越来越广阔，需要培养大量的应用技术型人才。动力电池是电动汽车的核心部件，动力电池使用与维护正确与否直接影响电动汽车的整体性能。然而，目前大部分关于电动汽车动力电池的教材侧重于理论讲述，重视应用实践的不多，不能满足高技术技能人才的培养要求。

本教材以项目教学为基础，以任务驱动为主线，以理实一体化教学为手段，根据电动汽车维修企业动力电池相关工作内容和知识结构确立了四个主要的教学项目和九个典型的学习任务，每个任务包括学习目标、任务引入、知识链接、任务实施、任务评价五个环节，无论理论知识还是实训内容，都图文并茂、条理清晰、通俗易懂，能够调动学生的主观能动性，激发学生的学习兴趣。

本书共分五部分内容，包括绪论、动力电池的基础知识、动力电池管理系统、动力电池的充电系统和动力电池的维护与故障检测等内容，重点介绍了动力电池基础知识认知、动力电池包的更换、动力电池能量管理系统拆装、动力电池能量管理系统的检测、动力电池的充电、电动汽车充电系统的维护、电动汽车车载充电机的更换、动力电池的维护和动力电池的故障检测等实际工作内容和要求。

本书由江苏省交通技师学院邹明森、梅德纯、赵延科、金峰、黄华、饶志锋、杜超、彭小伟共同编写，其中绪论由饶志锋（0.1）和金峰（0.2）编写、项目一由黄华（任务一）和杜超（任务二）编写、项目二由赵延科（任务一）和彭小伟（任务二）编写、项目三由邹明森编写、项目四由邹明森（任务一）和梅德纯（任务二）编写。全书由邹明森担任主编并统稿，由梅德纯、赵延科担任副主编，由江苏省交通技师学院顾小明担任主审。

编者在本书的编写过程中查阅了大量书籍、文献和资料，引用了一些网上资料和参考文献中的部分内容，在此特向各位作者表示深切的谢意。

由于编者水平有限，书中不妥之处在所难免，敬请广大专家与读者批评指正。

编者
2021 年 3 月

目 录

- **1　绪论**
  - 2　知识目标
  - 2　能力目标
  - 2　0.1　动力电池发展历程
  - 9　0.2　动力电池的分类

- **29　项目一　动力电池的基础知识**
  - **30　任务一　动力电池基础知识认知**
    - 30　知识目标
    - 30　能力目标
    - 30　任务引入
    - 30　知识链接
    - 30　　1.1.1　动力电池基础知识
    - 34　　1.1.2　电池的基本术语和性能指标
    - 38　　1.1.3　电动汽车对动力电池的要求
    - 38　　1.1.4　锂离子电池的基本知识
    - 44　　1.1.5　锂离子电池的基本参数检测
    - 47　任务实施
    - 49　任务评价
  - **50　任务二　动力电池包的更换**
    - 50　知识目标
    - 50　能力目标
    - 50　任务引入
    - 51　知识链接
    - 51　　1.2.1　动力电池整体认知
    - 56　　1.2.2　动力电池参数标准及工作要求
    - 59　　1.2.3　常见车型动力电池简介

  - 63　　1.2.4　动力电池的存放与回收处理注意事项
  - 65　任务实施
  - 73　任务评价

- **75　项目二　动力电池管理系统**
  - **76　任务一　动力电池能量管理系统拆装**
    - 76　知识目标
    - 76　能力目标
    - 76　任务引入
    - 77　知识链接
    - 77　　2.1.1　动力电池系统的构成和基本功能
    - 82　　2.1.2　动力电池冷却系统
    - 92　　2.1.3　动力电池管理系统的工作模式
    - 95　　2.1.4　典型动力电池管理系统
    - 99　任务实施
    - 102　任务评价
  - **103　任务二　动力电池能量管理系统的检测**
    - 103　知识目标
    - 104　能力目标
    - 104　任务引入
    - 104　知识链接
    - 104　　2.2.1　动力电池管理系统的数据采集
    - 109　　2.2.2　动力电池管理系统的管理内容
    - 114　　2.2.3　动力电池管理系统数据流读取和分析
    - 117　任务实施

121　　任务评价

123　项目三　动力电池的充电系统

124　任务一　动力电池的充电
124　　知识目标
124　　能力目标
124　　任务引入
124　　知识链接
124　　　3.1.1　电动汽车充电技术
129　　　3.1.2　电动汽车常用充电设备
136　　　3.1.3　动力电池的充电注意事项
138　　任务实施
140　　任务评价

141　任务二　电动汽车充电系统的维护
141　　知识目标
141　　能力目标
141　　任务引入
141　　知识链接
141　　　3.2.1　电动汽车充电系统概述
143　　　3.2.2　北汽 EV200 充电系统概述
150　　任务实施
152　　任务评价

153　任务三　电动汽车车载充电机的更换
153　　知识目标
153　　能力目标
153　　任务引入
153　　知识链接
153　　　3.3.1　电动汽车充电机概述
158　　　3.3.2　北汽 EV200 车载充电机介绍
161　　任务实施
163　　任务评价

165　项目四　动力电池的维护与故障检测

166　任务一　动力电池的维护
166　　知识目标
166　　能力目标
166　　任务引入
166　　知识链接
166　　　4.1.1　动力电池的维护类别
168　　　4.1.2　动力电池维护的主要内容
170　　任务实施
176　　任务评价

177　任务二　动力电池的故障检测
177　　知识目标
177　　能力目标
177　　任务引入
177　　知识链接
177　　　4.2.1　动力电池的基本组成
179　　　4.2.2　动力电池性能参数
181　　　4.2.3　动力电池的故障分类
183　　任务实施
187　　任务评价

189　参考文献

绪论 >>>

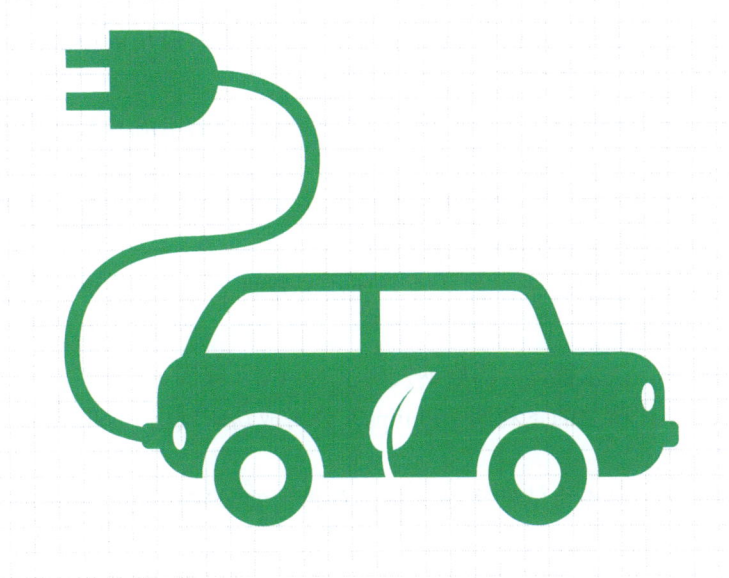

▶ **知识目标**

1. 了解动力电池发展历程、应用领域以及发展趋势。
2. 掌握动力电池的定义、分类。
3. 了解各种动力电池的工作原理。

▶ **能力目标**

1. 能正确描述动力电池的发展历程和发展趋势。
2. 能辨别不同类型的动力电池。

0.1 动力电池发展历程

1. 电池发展史

电池就是把化学能转化为电能的储存装置，它通过反应将化学能转化为电能。电池即一种化学电源，它由两种不同成分的电化学活性电极分别组成正、负极，两电极浸泡在能提供媒体传导作用的电解质中，当连接在某一外部载体上时，通过转换其内部的化学能来提供电能。作为一种电的储存装置，当两种金属浸没于电解液之中，它们可以导电，并在极板之间产生一定电动势，不同种类的电池其电动势也不同。

实用的化学电池可以分成两个基本类型：原电池与蓄电池。原电池制成后即可以产生电流，但在放电完毕即被废弃。蓄电池又称为二次电池，使用前须先充电，充电后可放电使用，放电完毕后还可以充电再用。蓄电池充电时，电能转换成化学能；放电时，化学能转换成电能。

1800年，亚历山德罗·伏特制成了人类历史上最早的电池，后人称之为伏特电池。

1830年，威廉姆·斯特金解决了伏特电池的弱电流和极化问题，使电池的使用寿命大大延长。

1836年，约翰·丹尼尔进一步改进了伏特电池，后人称之为丹尼尔电池，它是第一个可长时间持续供电的蓄电池。

1859年，法国科学家普兰特·加斯东发明了一种能够产生较大电流的可重复充电的铅酸电池。

1899年，沃尔德玛·杨格纳发明了Ni-Cd（镍镉）电池。

1984年，荷兰的飞利浦（Philips）公司成功研制出$LaNi_5$储氢合金，并制备出MH-Ni电池。

1991年，可充电的锂离子蓄电池问世，实验室制成的第一只18650型锂离子电池容量仅为 600 mAh。

1992 年，索尼公司开始大规模生产民用锂离子电池。

1995 年，日本索尼公司首先研制出 100 Ah 锂离子动力电池并在电动汽车上应用，展示了锂离子动力电池作为电动汽车用动力电池的优越性能，引起了广泛关注。到目前为止，锂离子动力电池被认为是最有希望的电动汽车用动力蓄电池之一，并在多种电动汽车上推广应用。近年推出的电动汽车产品绝大多数都采用锂离子动力电池，并形成了以钴酸锂、锰酸锂、镍酸锂、磷酸铁锂为主的电动汽车锂离子动力电池应用体系。

2000 年后，燃料电池、太阳能电池成为全世界瞩目的新能源电池发展的焦点。

2. 动力电池概述

动力电池即为电动工具提供动力来源的电源，多指为电动汽车、电动列车、电动自行车、高尔夫球车等提供动力的蓄电池。其主要区别于用于汽车发动机起动的起动电池。其结构包括电池盖、正极（活性物质为氧化钴锂）、隔膜（一种特殊的复合膜）、负极（活性物质为碳）、有机电解液和电池壳。它的特点主要有高能量、高功率、高能量密度；高倍率部分荷电状态下循环使用；工作温度范围宽；使用寿命长、安全可靠等。

目前，我们习惯于将用于电动汽车的电池称为"动力电池"。因为电池厂家生产的电池不仅仅用于电动汽车，其他如电动自行车、备用电源、储能电站等均在采用这样的电池，其也称为动力电池。在 GB/T 19596—2004 中，动力蓄电池的定义为：为电动汽车动力系提供能量的蓄电池。

动力电池的分类很多，包括铅酸电池、镍镉电池、镍氢电池、铁镍电池、钠氯化镍电池、银锌电池、钠硫电池、锂电池、空气电池（锌空气电池、铝空气电池）、燃料电池、太阳能电池、超容量电容器、钠硫电池。这些动力电池各具优势，已经广泛应用于不同的领域。常见动力电池的主要技术特性见表 0-1-1。

表 0-1-1　常见动力电池的主要技术特性

电池类型	铅酸电池	镍氢电池	锂离子电池	燃料电池
充电时间 /h	4～12	12～36	3～4	
比能量/（W·h/kg）	30～40	60～80	90～150	180～500
比功率/（W/kg）	200～400	150～300	250～450	60
循环寿命/次	>500	600～1 200	800～2 000	>1 000
预计成本/[元/（W·h）]	0.7	4.0	4.0	0.5～0.7
工作电压/V	2	1.2	3.6	
工作电流	高	高	中	低
记忆效应	无	无	无	无
自放电率/（%/月）	3	30～35	6～9	低
安全性	一般	良	差	差
环境	有污染	低污染	低污染	零污染

电动汽车用动力电池与一般起动电池不同，它是以较长时间的中等电流持续放电为主，间或以大电流放电（起动、加速时），并以深循环使用为主。电动汽车对电池的基本要求可以归纳为以下几点：① 高能量密度；② 高功率密度；③ 较长的循环寿命；④ 较好的充放电性能；⑤ 电池一致性好；⑥ 价格较低；⑦ 使用维护方便等。

3. 动力电池应用领域

（1）电动自行车

欧美等西方国家生产销售电动自行车较早，英、美、法、意等国都有公司推出电动自行车。日本自行车振兴协会有一项统计表明，世界上现有电动自行车的厂家超过100家，为其配套用的动力电池生产企业最著名的是日本三洋电机公司和东芝电池公司、法国萨佛特公司、德国瓦尔塔公司等。

电动自行车在发展中国家作为代步工具，近年来也发展迅速，特别是在中国。自1998年以来，国内电动自行车产量一直以年均40%的速度增长。2015年，中国电动自行车保有量已达到2亿多辆。

（2）电动摩托车

摩托车作为一种灵活方便的交通工具，在中国南方以及一些东南亚国家有着巨大的市场。摩托车虽然给人们带来了很多方便，但摩托车排放的尾气被认为是我国大、中城市大气的主要空气污染源之一。据说一辆摩托车的排污相当于一辆桑塔纳轿车的排污。为了净化环境，保证城市的蓝天，我国已有60多个城市禁限摩托车。

世界上著名的摩托车厂家已经在积极研制开发电动摩托车，包括日本的雅马哈和本田等企业。我国一些摩托车企业也在积极为摩托车寻找更为环保的动力来源。目前，新大洲、春兰、重庆嘉陵等摩托车厂商纷纷将目光投向极具优势的锂离子动力电池，正在与动力电池生产厂家共同开发电动摩托车。这种局面无疑给动力电池市场创造了商机，其市场前景无法估量。

（3）电动汽车

电动汽车是以车载电池为动力，依靠大功率电动机提供动力的新型交通工具。电动汽车具有污染小甚至无污染、动力源多样化、能量利用率高、使用维修方便等优点，被认为是21世纪最具应用前景的洁净车型，越来越受到当今社会的认可和青睐。一般把电动汽车分为纯电动汽车（EV）、混合动力电动汽车（HEV）和燃料电池电动汽车（FCEV）三大类。纯电动汽车的动力来自于各种蓄电池。混合动力电动汽车的动力来源于两种或两种以上的不同能源，如蓄电池和汽油发动机或柴油发动机。这些能源可分别用作汽车的动力能源，也可相互协作来驱动汽车。按照电池相对于燃油发动机的功率比大小，混合动力电动汽车可以分为助力型（轻度混合）、双模式型（中度混合）和续驶里程延长型（高度混合）。燃料电池电动汽车的动力则来自燃料电池。电池和燃油两种动力的混合程度不同，对电池的要求也不同。不同类型的电动汽车对动力电池的技术要求见表0-1-2。

表 0-1-2　不同类型的电动汽车对动力电池的技术要求

类型	微混	中混	全混	插电式	纯电动
简短描述	起停，有限的制动能量回收，无纯电动模式	起停，制动能量回收，加速，无纯电动模式	起停，制动能量回收，加速，较短的纯电动行驶	起停，制动能量回收，纯电动行驶	制动能量回收，纯电动行驶
典型电压/V	12	36～120	200～400	200～400	200～400
功率需求/kW	2	5～20	30～50	30～70	30～70
电池体系	铅酸；铅酸+超级电容器	镍氢；锂离子（高功率型）	镍氢；锂离子（高功率型）	锂离子（功率能量兼顾）；铅酸	锂离子（高能量型）
循环体制	典型 SOC 60%～80%	典型 SOC 40%～60%	典型 SOC 40%～60%	典型 SOC 20%～100%	典型 SOC 20%～100%
寿命要求	30 万次循环	30 万次循环	30 万次循环	30 万次循环 + 3 000 次深循环	3 000 次深循环

目前，大部分电动汽车的动力电池采用铅酸电池、镍氢电池、锂离子电池和燃料电池。其中，铅酸电池的技术最为成熟，但其能量密度和功率密度不高，不适合电动汽车的应用。就当前技术水平看，镍氢电池的综合优势最为明显，国际上知名汽车制造厂家如日本丰田、美国通用和德国大众等，大部分选用镍氢电池作为混合动力电动汽车的动力电池，如已经上市的 Prius 等车型。这表明大功率镍氢动力电池技术已基本成熟。由于锂离子电池具有质量轻、单体电池电压高等优点，是业内公认的汽车动力电池新的发展方向。目前，松下、LG 化学、NEC 等日韩企业正在积极开发锰酸锂电池作为电动汽车的动力电池；比亚迪等企业的发展方向是磷酸铁锂动力电池。各大电池企业均将锂离子电池作为未来的发展重点。锂离子电池很有发展前途，有可能在将来代替镍氢电池组，但在安全性、循环稳定性和生产成本等方面尚有很多工作要进一步完善。

（4）军事领域

由于科技在军事上的广泛应用，现代战争已成为以数字化、信息化为主的高科技战争。这种战争模式使得高效、高比能量密度和可快速充填燃料的军用能源成为现代战场上迫切需要的。当今世界各国对高能动力电池的技术开发一直在紧张进行，如新型铅酸电池、锂离子电池和燃料电池等。

铅酸电池是常规潜艇水下动力来源及辅助电源，也是核潜艇的应急电源。铅酸电池由于具有技术成熟、性能可靠、制造成本低等显而易见的优势，仍是各国常规动力潜艇最为普遍使用的蓄电池。但是，现代潜艇用铅酸电池存在充电时间长、高倍率充放电效率不高、比能量和比功率不高的缺点。根据新一代潜艇的要求，需要开发更加先进的铅酸电池，以满足潜艇机动作战需求，提高和完善常规潜艇战术。

美国航空航天局研制的一架无人驾驶飞机太阳神号，使用燃料电池作为动力来源，创造了世界飞行高度的纪录，飞抵 32 160 m 高空。美国波音公司与美国国防高级研究计划局签订了无人机燃料电池动力系统开发合同，按设计要求新型燃料电池无人机将延长无人机在空中连续飞行时间，由几十小时到数周。西门子燃料电池在德国 AIP 系统潜艇上的应用较为成熟。2003 年 4 月试航的 212A 型 U31 潜艇，为世界上第一艘现代化 AIP 质子交换膜燃料电池潜艇。

在美国，锂离子电池已成为美军标准电池系列之一。美国 Yardney 公司已为水下军事装备研制了三款锂离子动力电池，包括：

① UUV 电池系统，总能量 10 kW·h，共 360 只单体，单体容量 8 A·h；

② 75 kW 级电动鱼雷用锂离子电池，由 100 只正棱柱形单体电池串联起来，该电池组提供电流为 250 A，电池组最大质量比功率为 650 W/kg；

③ 微型潜艇用高性能锂离子电池系统，2005 年首次安装于 ASDS-1 艇，锂离子电池总能量 1.2 MW·h，单体电池质量比能为 170～200 Wh/kg。除此之外，Yardney 公司生产的锂离子电池组已广泛应用到声呐浮标、声波发射器、深潜器等水下装备。

4. 电动汽车动力电池现状及发展趋势

新能源汽车动力电池可以分为蓄电池和燃料电池两大类，蓄电池用于纯电动汽车（EV）、混合动力电动汽车（HEV）及插电式混合动力电动汽车（PHEV）；燃料电池只用于燃料电池汽车（FCEV）。

蓄电池在纯电动汽车中是驱动系统唯一的动力源，主要有镍镉、镍氢和锂离子电池等。目前，锂离子电池处于高速发展阶段，在诸如日产 Leaf、丰田普锐斯插电式混合动力、特斯拉 Model S、通用 Volt、福特 Focus EV 以及宝马 i3 等新能源汽车上都采用锂离子电池。此外，锂资源较为丰富，价格也不贵，可以说锂离子电池是蓄电池大类中目前最被市场看好的动力电池。

燃料电池是燃料与氧化剂通过电极反应将其化学能直接转化为电能的装置。燃料电池不需要充电，具有比能量高、使用寿命长、维护工作量少以及能连续大功率供电等优点。另外，燃料电池汽车可达到与燃油汽车相同的续航里程。根据电解质的不同，燃料电池可分为碱性燃料电池、磷酸燃料电池、质子交换膜燃料电池、熔融碳酸盐燃料电池和固体氧化物燃料电池 5 类。目前，质子交换膜燃料电池在燃料电池汽车中的应用较多，是未来新能源汽车动力电池领域极具竞争力的电池类型。

在现有的新能源汽车动力电池中，锂离子电池生产成本相对较低，重复充放电非常方便，相比其他可携带能源具有更高的成本优势。因此，这类电池成为目前最受欢迎的动力电池。目前锂离子电池的主要生产国是中国、日本和韩国。

近年来，我国新能源汽车中使用锂离子电池比例不断升高，锂电池市场空间广阔。按照新能源汽车发展规划路线，2020 年，纯电动汽车将突破 500 万辆，以混合动力为代表的节能汽车达到全部汽车销量的 75%。

车用动力电池的发展趋势如下。

（1）新一代锂离子电池

磷酸铁锂电池安全性好、寿命长，满足了我国新能源汽车推广应用对动力电池的需求，同时广泛应用于电力储能和通信后备电源领域。磷酸铁锂电池在 250℃ 以上时才会出现热失控现象，因此磷酸铁锂电池适合应用在商用车领域，尤其是城市公交车领域，具有较好的安全性能优势。磷酸铁锂电池在我国得到快速发展，2014

年我国磷酸铁锂材料产量达到 1 万 t 左右，2015 年接近 4 万 t，预计 2019 年将达到 10 万 t，占全球的 90% 以上，支撑了我国现阶段新能源汽车产业的发展，并为我国在商用车和储能应用电池方面形成了独特优势。过去几年，磷酸铁锂电池能量密度由 100 W·h/kg 逐步提升至 140 W·h/kg，随着配套材料技术、电池结构和工艺技术的提升，采用新型磷酸盐类正极材料和高容量负极材料的磷酸铁锂电池能量密度未来几年有望提升至 180～200 W·h/kg。

开发高比能量电池是提升新能源汽车续驶里程和推进新能源汽车规模应用的有效途径。从全球范围来看，美国能源储存研究联合中心 / 美国能源部项目提出 2018 年开发出能量密度为 400 W·h/kg 的锂离子电池，日本新能源产业技术开发机构计划到 2030 年开发出 500 W·h/kg 的电池，中国也提出到 2020 年开发出大于 300 W·h/kg 的动力锂离子电池，发展高能量密度的动力电池已成为新能源汽车领域的技术竞争焦点。富锂锰基材料比容量高，但由于电压衰减和循环稳定性问题仍不能有效解决，这一体系远未达到实用标准。目前多数企业瞄准的高容量正极材料是基于高镍三元或镍钴铝（NCA）的正极材料。高镍正极材料具有较高的比容量，但存在多元金属离子非均匀共沉淀、Li^+/Ni^{2+} 混排、材料碱性较强等问题，材料的合成及电池生产有较大的工艺难度。另外，高镍材料在使用过程中易与电解液反应并产生气体。国内外研究机构和企业对高镍材料进行了全方位的研究，包括合成工艺、材料表面改性、极片制备工艺优化、电解液优化、电池充放电制度优化等，可满足比能量为 250 W·h/kg 级单体电池的开发，如松下公司的 NCA 电芯能量密度达到 260 W·h/kg，应用于美国特斯拉新能源汽车。

高容量负极材料方面，硅作为负极材料理论比容量高达 4 200 mA·h/g，但硅在嵌锂过程中会产生 300% 的体积膨胀并引起电极表面膜破裂，脱锂时材料颗粒粉化引起电极机械失效，制约了其实际应用。目前主要采用与碳材料复合的纳米多孔三维结构、中空结构、核壳结构和非晶化等方法来缓解或缓冲硅在嵌锂过程中的体积膨胀，或者使用海藻酸钠等功能性黏结剂，以提高循环寿命。相对于 Si/C 负极来说，SiO_x/C 负极因自身具有缓冲机制和体积膨胀率较小，辅之以碳包覆、碳纳米管复合等，材料的循环寿命较好，目前处于小批量工业应用阶段，纳米硅碳复合材料等尚处于试制和评价阶段。

对聚烯烃基材电池隔膜进行陶瓷和聚合物涂层覆盖是提升电池安全性的重要手段。美国 Celgard 公司在 2000 年前后即已申请了隔膜陶瓷涂布相关专利，国外隔膜生产企业在涂布技术、自动化、制造过程在线检测技术等方面处于全面领先地位，国内隔膜陶瓷涂层技术也已经推广开来。

电解液方面，阻燃添加剂和氟代溶剂的使用是开发高安全电解液的重要手段，氟代溶剂加入电解液，有利于提升电池寿命和安全性，但成本相应提高。

（2）新体系动力电池

新体系动力电池包括全固态锂电池、锂硫电池、锂空气电池等。固态锂电池采用金属锂作为负极，固体无机或高分子材料作为电解质，具有更高的安全性，能量密度比采用同类型正极材料的锂离子电池高 20%～30%。目前仅巴黎就有 3 000 辆

Autolib 生产的锂聚合物固态电池用于共享租赁的纯电动汽车，因室温下固体电解质的电导率较低，该电池的工作温度为 80℃，使用范围受到限制，电池生产成本也远高于目前的锂离子电池。新一代更高容量的电池候选者有锂硫电池等，在实验室里，锂硫电池能量密度已可做到 400 W·h/kg 以上，但作为动力电池，其使用寿命离应用的要求还很远，安全性也尚不具备评估条件。

（3）动力电池制造工艺技术

要实现至 2020 年电池能量密度提升 1 倍、成本下降 50% 的目标，不仅要依靠材料技术的快速进步，还必须要有创新性的极片和电池设计技术以及创新性的制造工艺技术，因此提升锂离子电池的技术和工艺水平是当前关键，其决定了电池的性价比。降低动力电池成本并提高性能，要以提升大规模制造技术水平作为保障。目前，动力电池制造以智能化为主要发展方向，通过采用自动化设备、信息化控制、网络化管理，提高动力电池产品的一致性和产品品质，从而达到降低成本、提高动力电池可靠性和安全性的目的。智能制造是我国未来动力电池发展的重要内容。

目前，锂离子电池行业已经发生或正在发生结构上的重大调整。伴随着材料、工艺和设备向重大技术革新的方向发展，用于小型电池的电极制备工艺需要逐渐地被高效、低能耗和污染小的新工艺、新技术取代，大容量电池的散热和高功率输入/输出要求电芯设计发生改变，这就要求相应的材料制备技术、电池制造技术、工艺和设备不断地创新和深入发展，大规模的产业发展对资源和环境也形成了挑战，需要发展电池回收处理技术，实现材料的循环使用。

锂离子电池制造技术发展的总体趋势主要有以下几个方面。

1）电池产品的标准化及制造过程的标准化。虽然基于不同设计和工艺方法，锂离子电池制造技术有各自的优点和缺陷，但至今并没有完善的标准。标准是技术实现产业化的基础，也是支持行业健康发展的重要因素。锂离子动力及储能电池制造产业是一个新兴的产业，国内外这方面的标准尚处于探索阶段，标准数量较少，标准体系的建立刚刚起步。当前各个国家都在积极制定标准，我国也在加快锂离子动力及储能电池制造方面标准的制定工作。

2）遵从高质量、大规模、降成本的规模制造产业发展思路。

3）未来锂离子电池制造朝着"三高""三化"的方向发展，即"高品质、高效、高稳定性"和"信息化、无人化、可视化"。锂离子电池的制造就是针对锂离子动力及储能电池制造行业产品的高安全性、高一致性、高制造效率和低成本的要求，应用智能部件关键技术，对锂离子动力及储能电池制造的浆料装备、极片制备、芯包制备、电芯装配、干燥注液、化成分容、电池包制造的过程实现"三高三化"应用，建立数字化锂离子电池制造车间，包括在制造过程引进制造参数，制造质量的在线检测智能部件，机器人自动化组装，智能化物流与仓储，信息化生产管理及决策系统实现锂离子动力及储能电池制造的智能化生产，确保锂离子动力及储能电池产品的高安全性、高一致性、高合格率、高效率和低制造成本。

4）绿色制造。生态的可持续发展是人类自身发展的必要条件，全社会的普遍认知和需求已经对锂离子电池提出了更高的品质要求。这些要求不仅仅是传统的节能性、可靠性和安全性的概念，而且要围绕产品的绿色环保、节能低碳、小型化及更加安全、更低成本等特点，更加显著地突出产品的社会环保效益。

预期至 2020 年，锂离子动力电池的性能还会有提升的空间，成本也会随着技术的进步和生产规模的扩大而进一步降低。

0.2 动力电池的分类

电动汽车动力电池可以分为二次电池（包括铅酸电池、镍镉电池、镍氢电池、锂离子电池）和燃料电池等。

1. 铅酸电池

（1）铅酸电池的发展

1）铅酸电池自 1859 年由普兰特发明以来，其使用和发展已有 100 多年的历史，广泛用作内燃机汽车的起动动力源。

2）1881 年，世界上第一辆电动三轮车中使用铅酸电池。电动汽车用铅酸电池，主要发展方向是提高比能量和循环使用寿命。它的比能量、深放电循环寿命、快速充电还不能很好地满足电动汽车的要求。为了解决电动汽车用铅酸电池的这三大技术难题，国际铅锌组织（ILZO）于 1992 年联合 62 家世界著名铅酸电池厂家成立了先进铅酸电池研制联盟（ALABC），共同研制电动汽车用铅酸电池。

3）ALABC 开发的铅酸电池各项性能均取得了明显的提高。

铅酸电池作为纯电动汽车动力电源在比能量、深放电循环寿命、快速充电等方面均比镍氢电池、锂离子电池差，不适合电动轿车。但由于其价格低廉，国内外将它的应用定位在速度不高、路线固定、充电站设立容易规划的车辆。20 世纪初，主要是开口式铅酸电池。有两个主要缺点：

① 充电末期水会分解为氢，氧气析出，需经常加酸加水，维护工作繁重；

② 气体溢出时携带酸雾，腐蚀周围设备，并污染环境，限制了电池的应用。

（2）铅酸电池的分类

铅酸电池分为免维护铅酸电池和阀控密封式铅酸电池。

1）免维护铅酸电池。免维护铅酸电池由于自身结构上的优势，电解液的消耗量非常小，在使用寿命内基本不需要补充蒸馏水。它具有耐震、耐高温、体积小、自放电小的特点。使用寿命一般为普通铅酸电池的 2 倍。

2）阀控密封式铅酸电池。阀控密封式铅酸电池在使用期间不用加酸加水维护，电池为密封结构，不会漏酸，也不会排酸雾，电池盖子上设有溢气阀（也叫安全阀），该阀的作用是当电池内部气体量超过一定值，即当电池内部气压升高到一定值时，溢气阀自动打开，排出气体，然后自动关闭，防止空气进入电池内部。电动汽车使用的动力电池一般是阀控密封式铅酸电池。

3）铅酸电池有 2 V，4 V，6 V，8 V，12 V，24 V 等系列，容量从 200 mA·h 到 3 000 A·H。

（3）铅酸电池的结构

铅酸电池由正负极板、隔板、电解液、溢气阀、外壳等部分组成，如图 0-2-1 所示。极板是铅酸电池的核心部件，正极板上的活性物质是二氧化铅，负极板上的活性物质为海绵状纯铅。隔板是隔离正、负极板，防止短路；作为电解液的载体，能够吸收大量的电解液，起到促进离子良好扩散的作用；它还是正极板产生的氧气到达负极板的"通道"，以顺利建立氧循环，减少水的损失。

电解液由蒸馏水和纯硫酸按一定比例配制（1.28）而成，主要作用是参与电化学反应，是铅酸电池的活性物质之一。电池槽中装入一定密度的电解液后，由于电化学反应，正、负极板间会产生约为 2.1 V 的电动势。

溢气阀位于电池顶部，起到安全、密封、防爆等作用。

图 0-2-1　铅酸电池的基本结构

（4）铅酸电池的特点

1）铅酸电池的优点。

① 除锂离子电池外，在常用蓄电池中，铅酸电池的电压最高，为 2.0 V。

② 价格低廉。

③ 可制成小至 1 A·h 大至几千安时的各种尺寸和结构的蓄电池。

④ 高倍率放电性能良好，可用于发动机起动。

⑤ 高低温性能良好，可在 -40 ～ 60℃条件下工作。

⑥ 电能转化效率高达 60%。

⑦ 易于浮充使用，没有"记忆"效应。

⑧ 易于识别荷电状态。

2）铅酸电池的缺点。

① 比能量低，在电动汽车中所占的质量和体积较大，一次充电行驶里程短。

② 使用寿命短，使用成本高。

③ 充电时间长。

④ 铅是重金属，存在污染。

（5）铅酸电池的工作原理

1）铅酸电池使用时，把化学能转换为电能的过程叫放电。

2）在使用后，借助于直流电在电池内进行化学反应，把电能转变为化学能而储蓄起来，这种蓄电过程叫做充电。

3）铅酸电池是酸性蓄电池，其化学反应式为

$$PbO+H_2SO_4 \longrightarrow PbSO_4+H_2O$$

4）充电时，把铅板分别和直流电源的正、负极相连，进行充电电解，阴极的还原反应为

$$PbSO_4+2e^- \longrightarrow Pb+SO_4^{2-}$$

阳极的氧化反应为

$$PbSO_4+2H_2O \longrightarrow PbO_2+4H^++SO_4^{2-}+2e^-$$

充电时的总反应为

$$2PbSO_4+2H_2O \longrightarrow Pb+PbO_2+2H_2SO_4$$

随着电流的通过，$PbSO_4$ 在阴极上变成蓬松的金属铅，在阳极上变成黑褐色的二氧化铅，溶液中有 H_2SO_4 生成，如图 0-2-2 所示。

放电时蓄电池阴极的氧化反应为

$$Pb \longrightarrow Pb^{2+}+2e^-$$

由于硫酸的存在，Pb^{2+} 立即生成难溶解的 $PbSO_4$。阳极的还原反应为

$$PbO_2+4H^++2e^- \longrightarrow Pb^{2+}+2H_2O$$

同样，由于硫酸的存在，Pb^{2+} 也立即生成 $PbSO_4$。放电时总的反应为

$$Pb+PbO_2+2H_2SO_4 \longrightarrow 2PbSO_4+2H_2O$$

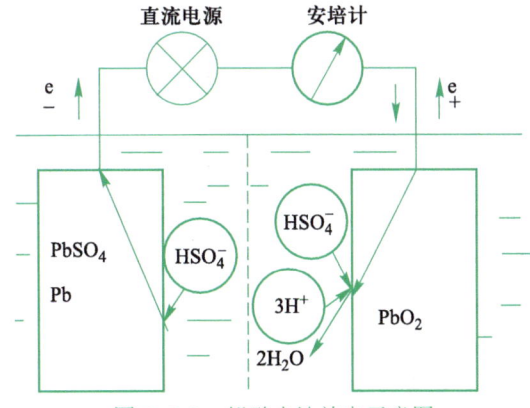

图 0-2-2 铅酸电池放电示意图

（6）铅酸电池的充放电特性

蓄电池充电时蓄电池端电压的变化，是随充电时电流强度变化而变化。电流强度大，蓄电池端电压也高；电流强度小，蓄电池端电压也较低，如图 0-2-3 所示。

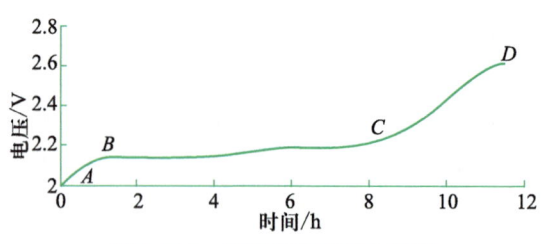

图 0-2-3　铅酸电池的充电曲线

蓄电池的放电与放电电流有密切关系，大电流放电时，蓄电池的电压下降明显，平缓部分缩短，曲线的斜率也很大，放电时间缩短；随着放电电流的减小，蓄电池的电压下降趋缓，曲线也较平缓，放电时间延长，如图 0-2-4 所示。

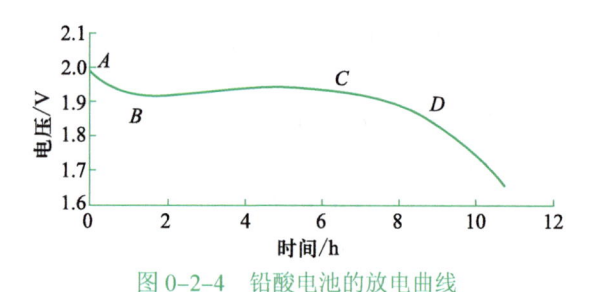

图 0-2-4　铅酸电池的放电曲线

2. 镍氢电池

（1）镍氢电池的发展

镍氢电池是 20 世纪 90 年代发展起来的一种新型电池。它的正极活性物质主要由镍制成，负极活性物质主要由储氢合金制成，是一种碱性蓄电池。镍氢电池具有高比能量、高功率、适合大电流放电、可循环充放电、无污染等特点，被誉为"绿色电源"。

松下电池公司早在 1997 年就开始生产混合动力汽车用的圆形 6.5 A·h 的镍氢电池组，其质量比功率为 600 W/kg。

三洋电机株式会社生产的圆柱形 5.5 A·h 镍氢电池组，质量比功率为 1 000 W/kg，2001 年为 Escape 车型配备，后来为本田 Accord 车型采用。

（2）镍氢电池的分类

按照外形，镍氢电池可以分为：

① 方形镍氢电池，如图 0-2-5 所示；

② 圆形镍氢电池，如图 0-2-6 所示。

（3）镍氢电池的结构

镍氢电池主要由正极、负极、极板、隔板（分离层）、电解液等组成，如图 0-2-7 所示。镍氢电池正极是活性物质氢氧化镍，负极是储氢合金，用氢氧化钾作为电解质，在正负极之间有隔膜，共同组成镍氢单体电池。在金属铂的催化作用下，完成充电和放电的可逆反应。

图 0-2-5　方形镍氢电池

图 0-2-6　圆形镍氢电池

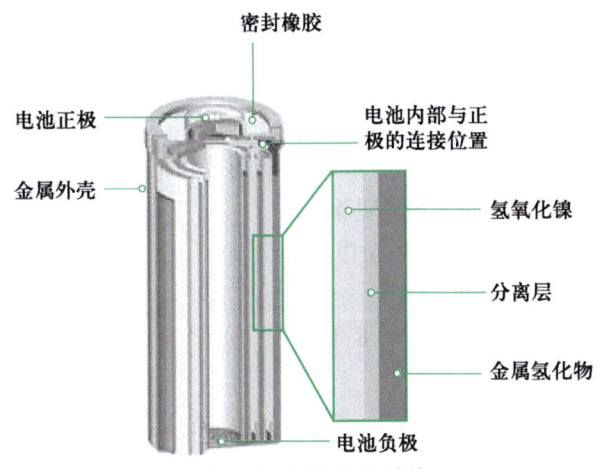

图 0-2-7　镍氢电池结构

（4）镍氢电池的工作原理

镍氢电池是将物质的化学反应产生的能量直接转化成电能的一种装置。镍氢电池由镍氢化合物正电极、储氢合金负电极以及碱性电解液（比如30%的氢氧化钾溶液）组成。镍氢电池的工作原理如图 0-2-8 所示。

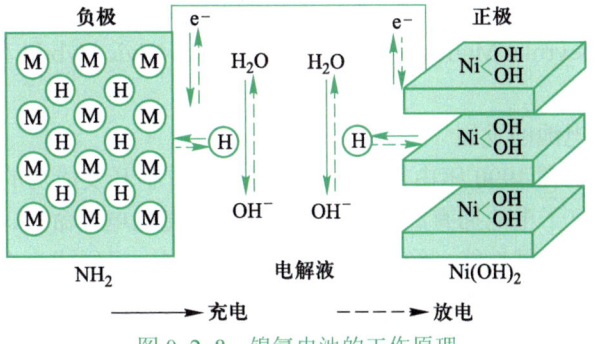

图 0-2-8　镍氢电池的工作原理

充电时正、负极的电化学反应为
$$Ni(OH)_2-e+OH^- \longrightarrow NiOOH+H_2O$$
$$2MH+2e \longrightarrow 2M+H_2$$
放电时正、负极的电化学反应为
$$NiOOH+H_2O+e \longrightarrow Ni(OH)_2+OH^-$$
$$2M+H_2 \longrightarrow 2MH+2e$$

（5）镍氢电池的特点

镍氢电池具有无污染、高比能量、大功率、快速充放电、耐用性好等许多优异特性。与铅酸电池相比，镍氢电池具有比能量高、质量轻、体积小、循环寿命长的特点。

① 比功率高（1 350 W/kg）。

② 循环寿命长（1 000 次以上）。

③ 无重金属污染（不含铅、镉）。

④ 耐过充过放。

⑤ 全密封免维护。

⑥ 使用温度范围宽（-30 ~ 55℃）。

⑦ 安全可靠。短路、挤压、针刺、安全阀工作能力、跌落、加热、耐振动等安全性、可靠性试验无爆炸、燃烧现象。

⑧ 当镍氢电池以标准电流放电时，平均工作电压只有1.2 V。快速充电40% ~ 80% 的时间为 15 min。

⑨ 价格高，为铅酸电池的 5 ~ 8 倍。

（6）镍氢电池的应用

① 消费性电子产品：普及应用。

② 摇控玩具。

一些功率特别大的镍氢电池，其容量、输出电量及功率比镍镉电池大，所以在电动遥控玩具（例如遥控车）上取代了镍镉电池。

③ 混合动力车辆

大功率的镍氢电池也应用在油电混合动力汽车中，最佳的例子就是丰田的 Prius 车型，该车型使用了特别的充放电程序，使电池充放电寿命足够车辆使用 10 年。其他使用镍氢电池的混合动车型有本田的 Insight 车型、福特的 Ford Escape 车型、雪佛兰的 Chevrolet Malibu 车型、本田的 Honda Civic Hybrid 车型。

3. 锂离子电池

（1）锂离子电池的发展

锂离子电池是在 1990 年由日本索尼公司宣布研制开发成功的，并在一年内推向市场。由于锂离子电池拥有高电压、高比能量、充放电寿命长、无记忆效应、无污染、快速充电等卓越性能，经过短短十几年的发展，已经成为市场中的主流，成为未来电动汽车较为理想的动力源。

当前正在使用和开发的锂电池正极材料主要包括钴酸锂、镍钴酸锂、镍锰钴三元材料，尖晶石型的锰酸锂，橄榄石型的磷酸铁锂等。根据正极材料分类，锂离子动力电池路线主要有 3 条：改性锰酸锂、三元材料和磷酸铁锂。目前钴酸锂依然是小型锂电池领域正极材料的主力，主要用于传统 3C（Computer、Communication 和 ConsumerE lectronics）领域等；三元材料和锰酸锂主要用于电动工具、电动自行车和电动汽车等领域；磷酸铁锂主要在国内的动力电池领域应用，另外还用于基站和数据中心储能、家庭储能、风光电储能等领域。

锂电池产品技术的发展呈现如下趋势。

1）钴酸锂将逐渐被三元材料替代。三元材料综合了钴酸锂、镍酸锂和锰酸锂三类材料的优点，具有价格优势。虽然特斯拉旗下首款车型 Roadster 推出时使用的是 18650 钴酸锂电池，但其第二款量产车型 Model S 使用的是松下定制的三元材料电池，即镍钴铝三元正极材料电池。钴酸锂电池成本高的特征在特斯拉前后两款车型的对比中表现得十分明显。Model S 使用的电池数量达到 8 000 节以上，比 Roadster 高出 1 000 多节，但是成本却下降了 30%。

2）锰酸锂占比将上升。相对于钴酸锂正极材料，锰酸锂具有原料丰富、价格低廉及无毒等优点。层状锰酸锂 LiMnO 用作锂离子电池正极材料的缺点是虽然容量很高，但在高温下不稳定，而且在充放电过程中易向尖晶石结构转变，导致容量衰减过快。锰酸锂材料的应用集中在消费类电池市场，作为动力电池以电动自行车电池为主。

3）磷酸铁锂仍存在较大的技术提高空间。磷酸铁锂正极材料的低温性能和倍率放电已经可以达到钴酸锂的水平，目前同样是有希望的动力电池材料。但是受制于技术瓶颈，磷酸铁锂电池一致性和单位能量密度较低。

（2）锂离子电池的分类

按照锂离子电池外观形状，可以分为：

① 方形锂离子电池；

② 圆柱形锂离子电池。

按照锂离子电池正极材料的不同，汽车用锂离子电池主要分为：

① 锰酸锂离子电池；

② 磷酸铁锂离子电池；

③ 钴酸锂离子电池或镍钴锰锂离子电池。

（3）锂离子电池的结构

锂离子电池是指其中的 Li$^+$ 反复嵌入和脱嵌正负极材料的一种高能二次电池。锂离子动力电池主要由正极材料、负极材料、电解液和电池隔膜 4 部分组成，见表 0-2-1。

表 0-2-1 锂离子电池主要材料构成

锂电池组成部分	主要材料构成
正极	钴酸锂、锰酸锂、三元材料和磷酸铁锂
负极	石墨、石墨化碳材料、改性石墨、石墨化中间相碳微珠
隔膜	聚乙烯或聚丙烯微孔膜
电解液溶剂	碳酸乙烯酯（EC）、碳酸丙烯酯（PC）、碳酸二甲酯（DMC）、碳酸二乙酯（DEC）、二甲氧基乙烷（DME）
电解质	六氟磷酸锂（LiPF$_6$）

方形锂离子电池结构如图 0-2-9 所示。

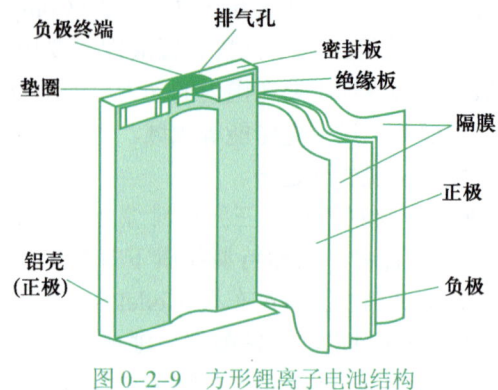

图 0-2-9　方形锂离子电池结构

圆形锂离子电池结构如图 0-2-10 所示。

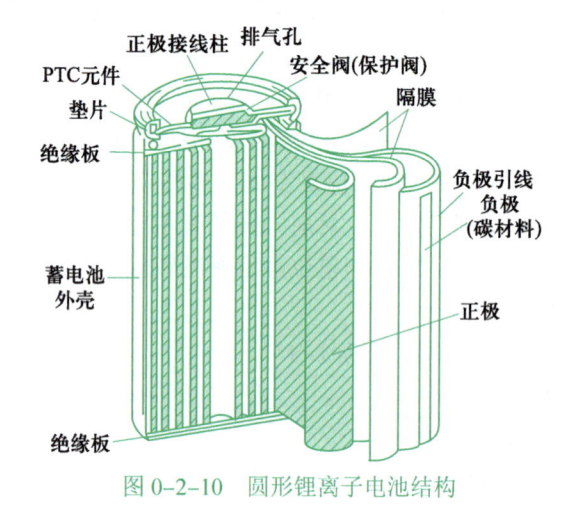

图 0-2-10　圆形锂离子电池结构

（4）锂离子电池的特点

锂离子电池的主要优点：

① 能量密度大，体积比能量和质量比能量分别可达 300 W·h/cm³ 和 125 W·h/kg，最高可达 350 W·h/cm³；

② 平均输出电压高（约 3.9 V），为 Ni-Cd 电池和 Ni-MH 电池的 3 倍；

③ 输出功率大；

④ 自放电小，每月在 10% 以下，不到 Ni-Cd 电池和 Ni-NH 电池自放电的一半；

⑤ 没有 Ni-Cd 电池和 Ni-NH 电池一样的记忆效应；

⑥ 可快速充放电；

⑦ 充电效率高，可达 100%；

⑧ 工作温度范围宽，为 -25～70℃；

⑨ 没有环境污染，被称为绿色电池；

⑩ 使用寿命长,可达 1 200 次左右,最长的可达 3 000 次。

缺点主要为制造成本过高,需防止过充。

(5) 锂离子电池的应用领域

与其他动力电池相比,锂离子电池的优势十分明显,因此,锂离子电池广泛应用于消费电子产品、军用产品、航空产品、交通工具等,如图 0-2-11 所示。

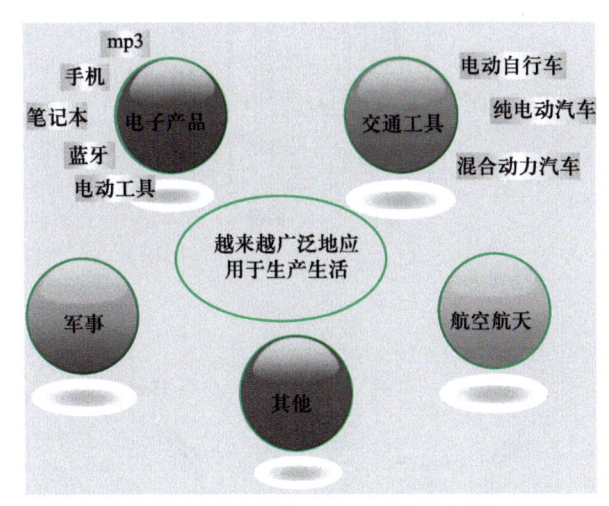

图 0-2-11　锂离子电池的应用领域

然而,伴随着锂离子电池爆炸、起火等事故报道,安全问题已经成为锂离子电池技术发展的关键难题。锂离子电池内部存在着一系列潜在的放热反应,这是诱发锂离子电池安全问题的根源。能否有效地解决热失控带来的安全问题也成为促进或制约锂离子电池进一步发展的关键因素。

4. 燃料电池

燃料电池是一种化学电池,它直接把物质发生化学反应时释出的能量变换为电能,工作时需要连续地向其供给活物质(起反应的物质)——燃料和氧化剂。由于它是把燃料通过化学反应释出的能量变为电能输出,所以被称为燃料电池。

(1) 燃料电池的结构

燃料电池的结构如图 0-2-12 所示,一个单电池包括四大部件:质子交换膜、催化层(铂)、扩散层和双极板。

(2) 燃料电池的工作原理

如图 0-2-13 所示,质子交换燃料电池阳极反应为

$$H_2 \longrightarrow 2H^+ + 2e^-$$

阴极反应为

$$1/2 O_2 + 2H^+ + 2e^- \longrightarrow H_2O$$

总反应为

$$H_2 + 1/2 O_2 \longrightarrow H_2O$$

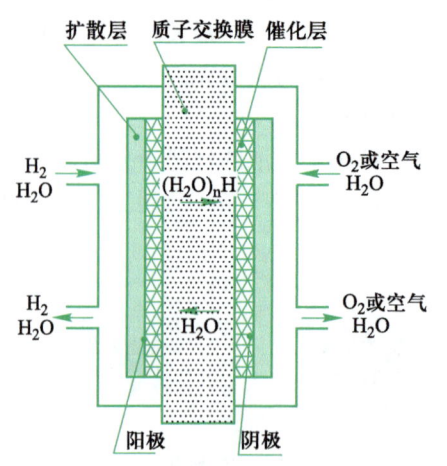

图 0-2-12　质子交换燃料电池结构图

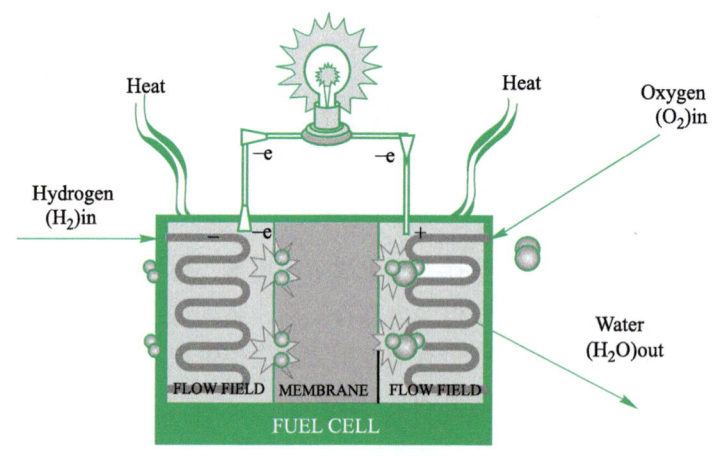

图 0-2-13　质子交换燃料电池原理

（3）燃料电池系统

燃料电池实际上不是"电池"，而是一个大的发电系统。质子交换膜燃料电池由燃料供应系统、氧化剂系统、发电系统、水处理系统、热管理系统、电力系统以及控制系统等组成。

1）燃料供应系统。

燃料供应系统是给燃料电池提供燃料，如氢气、天然气、甲醇等。这个系统直接采用氢气作为燃料，比较简单，如果用化石燃料制取氢气则相当复杂。

2）氧化剂系统。

氧化剂系统主要是给燃料电池提供氧气。氧气源自空气或氧气罐。空气需要用压缩机来提高压力，以增加燃料电池反应的速度。

3）发电系统。

发电系统是指燃料电池本身，它将燃料和氧化剂中的化学能直接变成电能，而不需要经过燃烧的过程，是一个电化学装置。

4）水管理系统。

由于质子交换膜燃料电池中质子是以水合离子状态进行传导，所以燃料电池需要有水，水少会影响电解质膜的质子传导特性，从而影响电池的性能。

5）热管理系统。

大功率燃料电池发电的同时，由于电池内阻的存在，不可避免地会产生热量，通常产生的热量与其发电量相当。而燃料电池的工作温度是有一定限制的。如对质子交换膜燃料电池而言，应控制在 80℃，因此需要及时将电池生成的热量带走，否则会发生过热的情况，烧坏电解质膜。水和空气是常用的传热介质。

6）电力系统。

电力系统是将燃料电池产生的直流电变为适合用户使用的直流或交流电。燃料电池所产生的是直流电，需要经过 DC/DC 变换器进行调压，在采用交流电动机的驱动系统中，还需要用逆变器将直流电转换为三相交流电。

7）控制系统。

燃料电池控制系统主要包括电池系统的起动与停工；维持电池系统稳定运行的各操作参数的控制；对电池运行状态进行监测、判断等。

8）安全系统。

由于氢是燃料电池的主要燃料，保证氢的安全十分重要。燃料电池由氢气探测器、数据处理系统以及灭火设备等构成氢的安全系统。

（4）燃料电池的类型

燃料电池的类型主要有以下四种。

1）质子交换膜燃料电池——低温燃料电池（PEMFC）。

该电池主要用于移动、便携或固定式动力源，各大汽车公司均有投入，通用、福特、丰田、本田等公司技术上已取得很大进展。图 0-2-14 为福特公司研制的 PEMFC 零排放轿车。

图 0-2-14　福特公司研制的 PEMFC 零排放轿车

2）直接甲醇燃料电池——低温燃料电池（DMFC）。

该电池主要用于小型、微型移动/便携式电源；美国洛斯—阿拉莫斯国家实验室，日本 NEC、日立、东芝，韩国三星等均有投入，技术上还有一些关键问题须解决。图 0-2-15 所示为 NEC 的微型直接甲醇燃料电池。

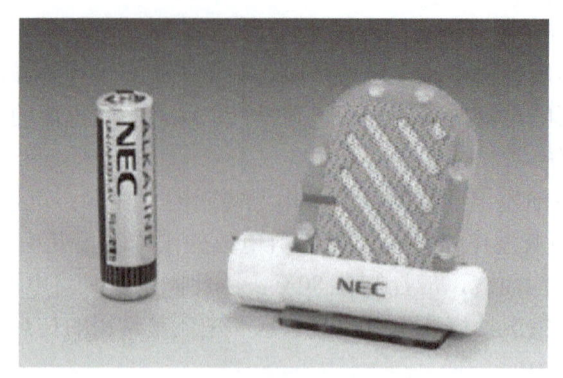

图 0-2-15　NEC 的微型直接甲醇燃料电池

3）固体氧化物燃料电池——高温燃料电池（SOFC）。

该电池主要用于集中或分散型电站 / 移动式电源，主要有管式 SOFC 和平板式 SOFC 两种。管式处于示范阶段，板式还须研究。图 0-2-16 所示为西门子 SOFC/ 燃气轮机复合发电系统。

图 0-2-16　西门子 SOFC/ 燃气轮机复合发电系统

4）熔融碳酸盐燃料电池——高温燃料电池 MCFC。

该电池主要用于集中或分散型电站，如美国 FCE、日本 IHI、意大利 Ansaldo。FCE 已实现产业化，寿命还须延长。图 0-2-17 所示为 FCE 250 kW MCFC 发电模块。

图 0-2-17　FCE 250 kW MCFC 发电模块

5. 太阳能电池

太阳能是一种储量极其丰富的对环境无污染的可再生能源。太阳能电池作为人们利用可再生的太阳能资源的方式，是解决世界范围内的能源危机和环境问题的一条重要途径。太阳能电池利用太阳光和材料相互作用直接产生电能。

（1）太阳能电池的发展

1954 年美国贝尔实验室制成了世界上第一个实用的太阳能电池，效率为 4%，1958 年应用到美国的先锋 1 号人造卫星上。

从 20 世纪 60 年代开始，美国发射的人造卫星就已经利用太阳能电池作为能量来源。

20 世纪 70 年代能源危机时，世界各国都意识到能源开发的重要性。

1973 年发生了石油危机，人们开始把太阳能电池的应用转移到一般的民生用途上。

美国推出了"太阳能路灯计划"，旨在让美国一部分城市的路灯都改为由太阳能供电，根据计划，每盏路灯每年可节电 800 kW·h。

日本也实施了太阳能"7 万套工程计划"，日本准备普及太阳能住宅发电系统，主要是装设在住宅屋顶上的太阳能电池发电设备。

欧洲则将研究开发太阳能电池列入著名的"尤里卡"高科技计划，推出了"10 万套工程计划"。这些以普及应用太阳能电池为主要内容的"太阳能工程"计划是推动太阳能电池产业大发展的重要动力之一。

中国已成为世界最大太阳能电池生产国，但是由于政策，国内市场远未形成，主要是出口国外。中国太阳能电池出口量位列世界第一，且具有较为明显的领先优势。

（2）太阳能电池的基本原理

太阳能电池是一种可以将能量转换的光电元件，其基本构造是运用 P 型与 N 型半导体接合而成的。半导体最基本的材料是"硅"，它是不导电的，但如果在半导体中掺入不同的杂质，就可以做成 P 型与 N 型半导体。

太阳光照在半导体 P-N 结上，形成新的空穴—电子对，在 P-N 结电场的作用下，空穴由 N 区流向 P 区，电子由 P 区流向 N 区，接通电路后就形成电流，如图 0-2-18 所示。

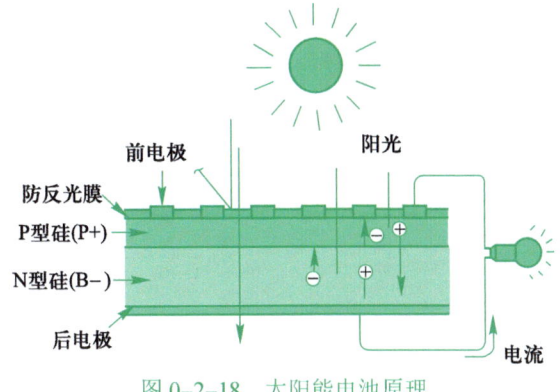

图 0-2-18　太阳能电池原理

（3）太阳能电池的分类

太阳能电池按结晶状态可分为结晶系薄膜式和非结晶系薄膜式两大类，而前者又分为单结晶形和多结晶形。

太阳能电池按材料可分为硅薄膜形、化合物半导体薄膜形和有机膜形，而化合物半导体薄膜形又分为非结晶形、ⅢⅤ族、ⅡⅥ族和磷化锌等。

根据电池所用材料的不同，太阳能电池还可分为硅太阳能电池（图0-2-19）、多元化合物薄膜太阳能电池（图0-2-20）、聚合物多层修饰电极型太阳能电池（图0-2-21）、纳米晶太阳能电池（图0-2-22）四大类。

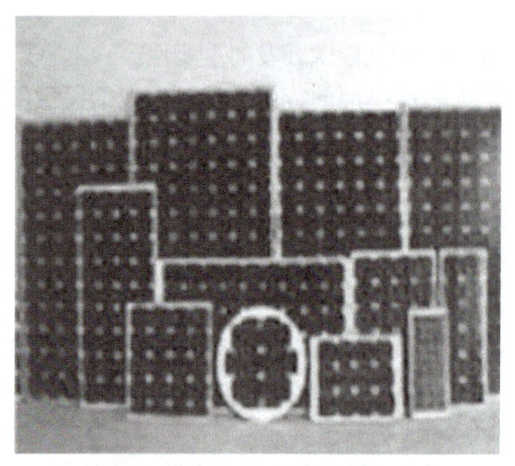

图0-2-19　硅太阳能电池

图0-2-20　多元化合物薄膜太阳能电池

图0-2-21　聚合物多层修饰电极型太阳能电池

图0-2-22　纳米晶太阳能电池

（4）太阳能电池的特点
① 质量轻。
② 成本低。
③ 转换效率高。
（5）太阳能电池汽车

太阳能电池驱动汽车有三种方式：直接驱动式、间接驱动式和混合驱动式。

① 直接驱动式：太阳能电池（板）产生的电流不经过蓄电池组，直接通过控制器、电动机、传动系统来驱动汽车的车轮行驶。

② 间接驱动式：太阳能电池（板）产生的电流通过控制器先给蓄电池组充电，当汽车需要行驶时，电流从蓄电池组中流出，通过控制器、电动机、传动系统来驱动汽车的车轮行驶。

③ 混合驱动式：太阳能电池（板）既可以把产生的电流直接驱动汽车行驶，也可以用之前储存在蓄电池组的电能驱动汽车行驶，还可以在汽车行驶过程中给蓄电池组充电。

概括起来，太阳能汽车主要具有以下优势。

1）结构轻、小、巧、美。

车质量轻，能大幅减少能源的消耗，降低成本；车身小，可在城市中心地带穿街走巷行驶，增加流量，改善交通状况；结构设计巧妙、实用、紧凑、坚固、耐用；流线型外观，造型美观大方。

2）节能、节省资源。

太阳能电池汽车耗能少，只需采用 $3 \sim 4\ m^2$ 的太阳能电池组件便可行驶起来。燃油汽车在能量转换过程中要遵守卡诺循环的规律来做功，热效率比较低，为 12%～15%，只有 1/3 左右的能量用在推动车辆前进上，其余 2/3 左右能量损失在发动机和驱动机构上。而太阳能电池汽车的能量转换不受卡诺循环规律的限制，热效率要高得多，可达到 34%～40%，90% 的能量用于推动车辆前进。同时太阳能电池汽车不需要内燃机、离合器、变速器、传动轴、散热器、排气管等零部件，大大节省了资源。

3）无污染、无噪音。

太阳能电池汽车因为不用燃油，不会排放污染大气的有害气体；也没有内燃机，行驶时不会听到燃油汽车的轰鸣声。

4）使用费用低廉。

太阳能电池汽车车上配有充电器和充放电控制器，有两路电源可向动力电池充电。有太阳光时，太阳能电池组件通过充放电控制器向动力电池充电，每公里行驶成本为零；无太阳光时，随时随地都能用家用 220 V 电源，通过充电器向动力电池充电，每公里行驶成本为 3 分钱。

太阳光由于受到天气、季节、时间早晚等不可抗因素影响，导致太阳能具有地域性、季节性和时域性等特点。同时太阳光的不稳定性、分散性（强烈时大约 $1\ kW/m^2$）以及太阳能电池能量密度小、转化效率低、成本高等因素，导致太阳能电池在汽车上还不能广泛使用。太阳能电池价格比较高，所以太阳能汽车的价格也比较高，超出了普通民众接受的范围。太阳能汽车功率普遍较小、续航里程短、承重能力低、乘坐舒适性与普通汽车相比还有比较大的差距。我国机动车登记明确规定，未列入《机动车产品目录公告》的机动车不准办理注册登记。由于太阳能电池汽车完全由太阳能电池（板）驱动，导致太阳能电池（板）的面积很大，而太阳能电池汽车的造型也与普通汽车有较大的区别，太阳能电池汽车依法还不能上路，这也是限制太阳能电池在汽车上应用的一个重要因素。

6. 超级电容器

超级电容器，又名电化学电容器，是一种主要依靠双电层和氧化还原赝电容电荷储存电能的新型储能装置。与传统的化学电源不同，超级电容器是一种介于传统电容器与电池之间的电源，具有功率密度高、充放电时间短、循环寿命长、工作温度范围宽等优势。因此，可以广泛应用于辅助峰值功率、备用电源、存储再生能量、替代电源等不同的应用场景，在工业控制、电力、交通运输、智能仪表、消费型电子产品、国防、通信、新能源汽车等众多领域有着巨大的应用价值和市场潜力。

（1）超级电容器发展进程

早在1879年，Helmholz就发现了电化学双电层界面的电容性质，并提出了双电层理论。但是，超级电容器这一概念最早是1979年由日本人提出的。1957年，Becker申请了第一个由高比表面积活性炭作电极材料的电化学电容器方面的专利（提出可以将小型电化学电容器用做储能器件）。1962年，标准石油公司（SOHIO）生产了一种6 V的以活性炭（AC）作为电极材料，以硫酸水溶液作为电解质的电容器，并于1969年首先实现了碳材料电化学电容器的商业化。后来，该技术转让给日本NEC公司。1979年NEC公司开始生产超级电容器，用于电动汽车的起动系统，开始了电化学电容器的大规模商业应用，这才有了超级电容器的名称。几乎同时，松下公司研究了以活性炭为电极材料，以有机溶液为电解质的超级电容器。此后，随着材料与工艺等关键技术的不断突破，产品质量和性能得到不断提升，超级电容器开始大规模产业化。

（2）超级电容器的原理及分类

超级电容器按其储能原理可分为两类：双电层电容器和赝电容器（法拉第赝电容）。

1）双电层电容器。

双电层电容器是一种利用电极和电解质之间形成的界面双电层电容来存储能量的装置，其储能机理是双电层理论。双电层理论最初在19世纪末由德国物理学家Helmhotz提出，后来经Gouy、Chapman和Stern根据粒子热运动的影响对其进行修正和完善，逐步形成了一套完整的理论，为双电层电容器奠定了理论基础。双电层理论认为，当电极插入电解液中时，电极表面上的净电荷将从溶液中吸引部分不规则分配的带异种电荷的离子，使它们在电极溶液界面的溶液一侧离电极一定距离排列，形成一个电荷数量与电极表面剩余电荷数量相等而符号相反的界面层，如图0-2-23所示。

双电层电容器是利用双电层机理实现电荷的存储和释放从而完成充放电的过程。充电时，电解液的正负离子聚集在电极材料/电解液的界面双层，以补偿电极表面的电子。尤其是在充电强制形成离子双层时，会有更多带相反电荷的离子积累在正负极界面双层，同时产生相当高的电场，从而实现能量的存储。放电时，随着两极板间的电位差降低，正负离子电荷返回到电解液中，电子流入外电路的负载，从而实现能量的释放，如图0-2-24所示。

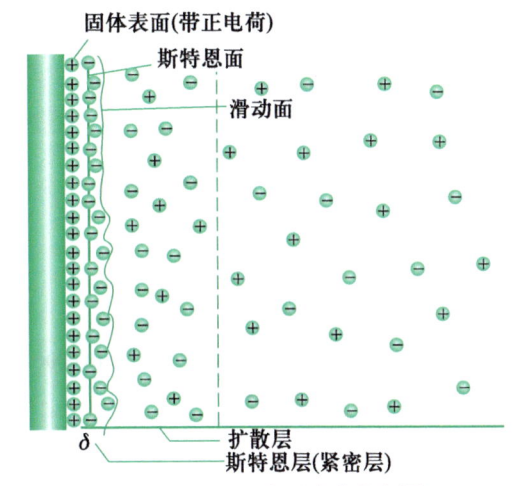

图 0-2-23 双电层电荷分布图

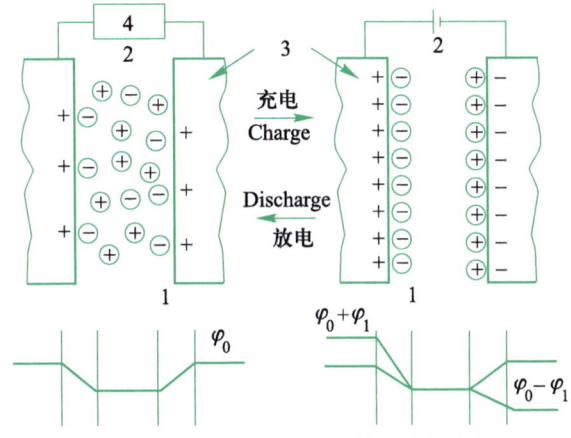

图 0-2-24 双电层电容器的充放电过程

2）法拉第赝电容器。

法拉第赝电容器是在电极表面或体相中的二维或准二维空间上，电极活性物质进行欠电位沉积，发生高度可逆的化学吸附脱附或氧化还原反应，产生与电极充电电位有关的电容。法拉第赝电容可通过两种方式来存储电荷：一种是通过双电层上的存储实现对电荷的存储；另一种是通过电解液中离子在电极活性物质中发生快速可逆的氧化还原反应而将电荷储存。法拉第赝电容的产生过程虽然发生了电子转移，但不同于电池的充放电行为，其具有高度的动力学可逆性，且更接近于电容器的特性。

（3）超级电容器的特点

基于上述储能原理的超级电容器，可弥补传统电容器与电池之间的空白，即超级电容器兼有电池高比能量和传统电容器高比功率的优点（图 0-2-25），从而使得超级电容器实现了电容量由微法级向法拉级的飞跃，彻底改变了人们对电容器的传统印象。

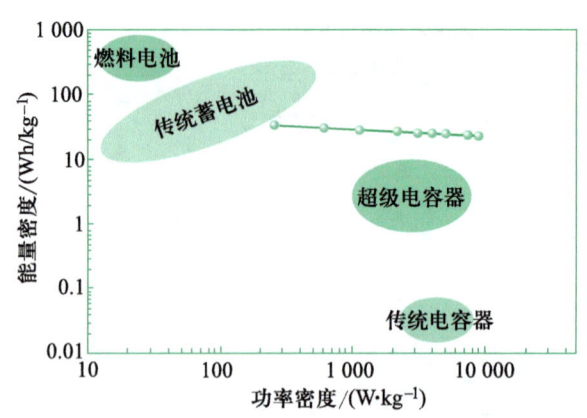

图 0-2-25　不同存储方式的能量比较图

目前，超级电容器已形成系列产品，实现电容量 0.5～1 000 F，工作电压 12～400 V，最大放电电流 400～2 000 A。与电池相比，超级电容器具有如下优点。

① 高功率密度：输出功率密度高，是一般蓄电池的数十倍。
② 循环寿命长：具有至少十万次以上的充电寿命。
③ 充电速度快：充电 10 s～10 min，可达到额定容量 95% 以上。
④ 工作温度范围宽：能在 -40～60℃ 环境中工作。
⑤ 简单方便：充放电线路简单，长期使用免维护。
⑥ 绿色环保：生产、使用、储存、拆解等均无污染。

超级电容器的缺点如下。

① 线性放电：无法完全放电。
② 低能量密度：体积较大，可储存的能量比化学电源少得多。
③ 低电压：单体电压 1.2 V，需串联多个超级电容器才能提升整体电压。
④ 高自放电：自放电率比化学电源要高。
⑤ 不安全：如果使用不当，会造成电解质泄漏等现象。
⑥ 蓄电能力较弱：用于电动汽车时续航里程较短。

（4）超级电容器应用及市场现状

经过多年的发展，超级电容器作为产品已趋于成熟，其应用范围也不断拓展，如汽车（特别是电动汽车、混合燃料汽车和特殊载重车辆，如图 0-2-26 所示）、电力、铁路、通信、国防、消费性电子产品等。从小容量的特殊储能到大规模的电力储能，从单独储能到与蓄电池或燃料电池组成的混合储能，超级电容器都展示出了独特的优越性。美、欧、日、韩等发达国家和地区对超级电容器的应用进行了卓有成效的研究。目前全球已有上千家超级电容器生产商，可以提供多种类型的超级电容器产品。

图 0-2-26　超级电容客车

由于目前大部分产品都是基于一种相似的双电层结构，采用的工艺流程为：配料→混浆→制电极→裁片→组装→注液→活化→检测→包装。超级电容器根据外形结构不同可分为纽扣型、卷绕型和大型三种类型，三者在容量上大致归类为小于 5 F、5～200 F、大于 200 F。由于其特点不同，它们的应用领域也有所差异。纽扣型产品具备小电流、长时间放电的特点，可用作小功率电子设备替换电源或主电源，如太阳能手表、电动玩具等；卷绕型则多用于需大电流快速放电且带有记忆存储功能的电子产品中的后备电源，适用于带 CPU 的智能家电、工控和通信领域中的存储备份部件，如路标灯、交通信号灯等；大型超级电容器通过串并联构成电源系统，可用在汽车等高能供应装置上。

作为典型的资本密集型产业，超级电容器正处于快速发展的阶段。除了要在关键技术上（如电极、电解质和隔膜材料等）继续取得突破之外，扩大生产规模以达到较佳的规模效益，降低使用成本，以及深入了解不同行业的应用需求，开发有针对性的技术解决方案，都是目前厂商们在市场竞争中的着力点。

（5）超级电容器面临的问题

虽然超级电容器因其自身的特点，使其在交通、工业、军事、消费类电子产品等领域得到了越来越广泛的应用。但是，由于超级电容器是一个新兴的储能器件，它在应用中还有很多的问题需要解决，主要体现在以下三方面。

1）超级电容器自身的技术问题。

目前超级电容器在电能存储方面与电池相比还有一定的差距，因此怎样提高单位体积内的能量（即能量密度）是目前超级电容器领域的研究重点与难点。应该说，制造工艺与技术的改进是提高超级电容器存储能力的一个行之有效的方法，但是从长远来看，寻找新的电极活性材料才是根本所在，同时也是难点所在。

2）电参数模型的建立问题。

在某些领域，超级电容模型可以等效为理想模型，但是在军事应用中，尤其是在卫星和航天器的电源应用中，一些非理想参数可能会带来潜在的隐患，这是不可忽视的。普通信号、滤波、储能电容引起的谐振由于能量有限，所引起的问题有较成熟的解决方案，而超级电容器由于携带极高的能量，具备瞬间吞吐巨大能量的能力，因此，研究负载性质、负载波动或外部环境以及偶然因素引起的扰动对系统稳定性可能造成的影响，对可靠性设计是非常重要的。

3）一致性检测问题。

超级电容器的额定电压很低（不到 3 V），在应用中需要大量的串联。由于应用中需要大电流充放电，而过充对电容的寿命有严重的影响，因此，串联通路中的各个单体电容器上的电压是否一致是至关重要的。

项目一

动力电池的基础知识

任务一 动力电池基础知识认知

> 知识目标

1. 掌握新能源汽车动力电池的分类。
2. 掌握动力电池的基本术语和性能指标。
3. 了解新能源汽车对动力电池的基本要求。

> 能力目标

1. 了解动力电池的主要类型。
2. 熟悉动力电池的工作原理，能够归纳分析市场上主要动力电池的类型特点，为电动汽车的维护奠定基础。
3. 能够正确使用仪器进行动力电池性能检测与维护。

任务引入

作为新能源汽车专业的学生，你能够正确区分一辆纯电动汽车动力电池的类型和工作原理吗？能够对欠电压电池单元进行补电吗？

知识链接

1.1.1 动力电池基础知识

1. 电池与能量储存

将化学能转换成电能的装置称为化学电池，通常简称为电池。电池放电后，能够用充电的方式使内部活性物质再生并把电能储存为化学能，需要放电时，能再次把化学能转换为电能的电池称为蓄电池，一般又称二次电池，动力电池均为蓄电池。

2. 动力电池的作用

动力电池的作用是接收和储存由车载充电机、发电机、制动能量回收装置或外置充电装置提供的高压直流电，并且为电动汽车提供高压直流电。

动力电池是纯电动汽车的核心部件，也是新能源汽车上价格最高的部件之一，动力电池的性能好坏直接决定了这辆车的实际价值。

应用在电动汽车上的储能技术主要是电化学储能技术，即铅酸、镍氢、锂离子等电池储能技术。作为电动汽车的动力源，动力电池技术是电动汽车的核心技术之一，更是电气技术与汽车行业的关键结合点，同时也一直制约着电动汽车的发展。

近年来，随着电动汽车动力电池技术的研发受到各国能源、交通、电力等部门的重视，电池的多种性能得到了提高。

动力电池一旦失效，车辆就会处于瘫痪状态。动力电池属于高压安全部件，内部结构复杂，工作时需要很苛刻的条件，任何异常因素都将导致动力被切断，因此对动力电池的诊断与测试就需要丰富的动力电池的基础技术知识，对动力电池组的更换更需要专业规范的操作。纯电动汽车动力电池组如图1-1-1所示。

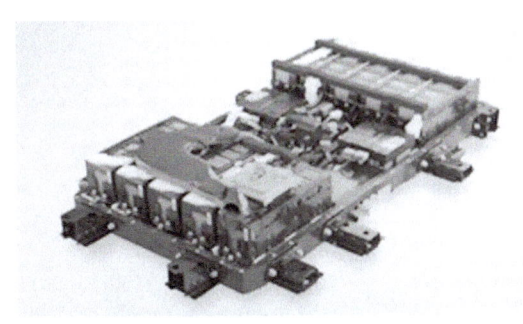

图1-1-1　纯电动汽车动力电池组

3. 动力电池的分类

新能源汽车上所使用的动力电池种类繁多，外形差别较大，划分种类很多。目前电动汽车上二次电池的主要类型有铅酸蓄电池、镍氢蓄电池、锂离子电池。

（1）按照电池工作性质及使用特征分类

按照电池的工作性质及使用特征分类，电池可分为一次电池、二次电池、储备电池和燃料电池四类。其中储备电池和燃料电池属于特殊的一次电池。

1）一次电池（原电池）。

一次电池是指放电后不能使用充电的方法使它复原的电池。这种类型的电池只能使用一次，放电后电池只能被遗弃。这类电池不能再充电有多种原因，或是电池反应本身不可逆，或是条件限制使可逆反应很难进行，如锌锰干电池（图1-1-2）、锌汞电池、银锌电池。

2）二次电池（蓄电池）。

二次电池是指放电后可使用充电的方法使活性物质复原而能再次放电，且可反复多次循环使用的电池。这类电池实际上是一个化学能量储存装置，用直流电给电池充电，这时电能以化学能的形式储存在电池中，放电时，化学能再转换为电能，如铅酸电池（图1-1-3）、镍镉电池、镍氢电池、锂离子电池（图1-1-4）、锌空气电池等。

图 1-1-2　锌锰干电池

图 1-1-3　铅酸电池

图 1-1-4　锂离子电池

3）储备电池（激活电池）。

储备电池是正、负极活性物质和电解液不直接接触，使用前临时注入电解液或用其他方法使电池激活的电池。这类电池的正、负极活性物质化学易变质或自放电，但因与电解液的隔离而基本上被排除这种风险，从而使电池能长时间储存，如镁银电池、钙热电池、铅高氯酸电池。

4）燃料电池（连续电池）。

燃料电池是只要活性物质连续地注入电池，就能长期不断地进行放电的一类电池。它的特点是电池自身只是一个载体，可以把燃料电池看成是一种需要电能时将反应物从外部送入的一种电池，如氢燃料电池（图1-1-5）。

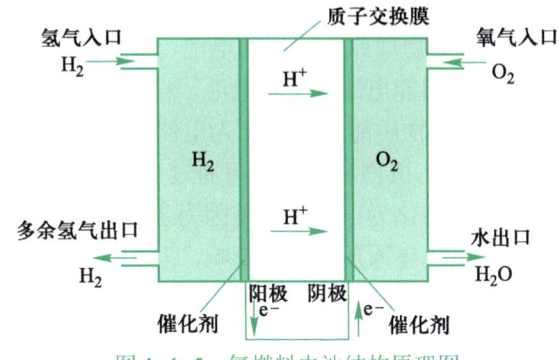

图1-1-5　氢燃料电池结构原理图

（2）按照电池反应原理分类

按照电池反应原理分类，电池可分为生物电池、物理电池和化学电池三大类，如图1-1-6所示。

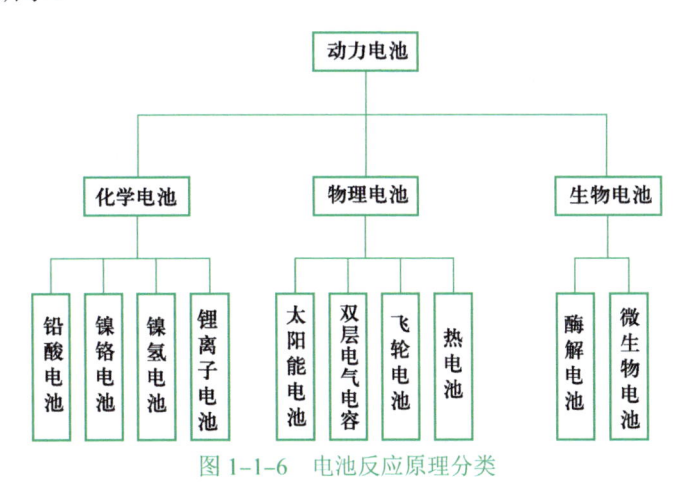

图1-1-6　电池反应原理分类

1）化学电池，是指将化学反应产生的能量直接转换为电能的装置。化学电池是生活中使用最多的电池。化学电池通常按电解液种类、正负极材料和其功能有三种分类。

按电解液种类划分包括：① 碱性电池，电解质主要以氢氧化钾水溶液为主的电池，如碱性锌锰电池、镍镉电池、镍氢电池等；② 酸性电池，主要以硫酸溶液为介质，如铅酸电池；③ 有机电解液电池，主要以有机溶液为介质的电池，如锂电池、锂离子电池等；④ 中性电池，电解质主要以盐溶液为介质的电池，如锌锰干电池。

按电池所用正、负极材料划分包括：① 锌系列电池，如锌锰电池、锌银电池等；② 镍系列电池，如镍镉电池、镍氢电池等；③ 铅系列电池，如铅酸电池等；④ 锂离子电池、锂锰电池；二氧化锰系列电池，如锌锰电池、碱锰电池等；⑤ 空气（氧气）系列电池，如锌空气电池等。

按电池的特性分为高容量电池、密封电池、高功率电池、免维护电池、防爆电池等。

2）物理电池，是指利用物理原理制成的电池，其特点是能在一定条件下实现直接的能量转换，主要有太阳能电池、飞轮电池、核能电池和温差电池。

3）生物电池，是指将生物质能直接转化为电能的装置（生物质蕴涵的能量绝大部分来自于太阳能，是绿色植物和光合细菌通过光合作用转化而来的）。从原理上来讲，生物质能能够直接转化为电能主要是因为生物体内存在与能量代谢关系密切的氧化还原反应。这些氧化还原反应彼此影响，互相依存，形成网络，进行生物的能量代谢。生物电池主要有酶解电池、微生物电池和生物太阳电池等。它主要有体积小、无污染、寿命长、可在常温常压下使用等优点。

1.1.2 电池的基本术语和性能指标

1. 电压（V）

电压分为端电压、开路电压、额定电压、工作电压和终止电压等。

① 端电压：动力电池正极和负极之间的电位差。

② 开路电压：电池外部不接任何负载或电源，测量电池正负极之间的电位差，即为电池的开路电压。

③ 电动势：电池的电动势等于组成电池的两个电极的平衡电位之差。

④ 工作电压：工作电压是指电池接通负载后在放电过程中显示的电压。在电池放电初始的工作电压称为初始电压。

电池在某负载下实际的放电电压，通常是指一个电压范围。例如，铅酸电池的工作电压为 1.8～2 V；镍氢电池的工作电压为 1.1～1.5 V；锂离子电池的工作电压为 2.75～3.6 V。

⑤ 终止电压：指放电终止时的电压值，根据放电电流大小、放电时间、负载和使用要求的不同而不同。以铅酸电池为例，电动势为 2.1 V，额定电压为 2 V，开路电压接近 2.1 V，工作电压为 1.8～2 V，放电终止电压为 1.5～1.8 V。放电终止电压根据放电率的不同，其终止电压也不同。

2. 电池容量

电池容量是指电池在一定放电条件下所能放出的电量，用符号 C 表示，常用单位为安时（A·h）。容量可以分为理论容量、实际容量与额定容量。

① 理论容量：假设电极活性物质全部参加电池的电化学反应所能提供的电量，是根据法拉第定律计算，电池所能获得的电量称为电池的理论容量。理论容量是电池容量的极限值，实际容量一定小于理论容量。

② 额定容量：在行业标准规定的条件下电池所应该放出的电量。额定容量是

制造企业标称的容量，作为验收电池质量的重要技术指标。

③ 实际容量：电池在一定的放电条件下实际放出的电量。它等于放电电流与放电时间的乘积，对于实用中的化学电源，其实际容量总是低于理论容量而通常比额定容量大 10%～20%。

电池容量的大小，与正、负极上活性物质的数量和活性有关，也与电池的结构和制造工艺、电池的放电条件（电流、温度）有关。影响电池容量因素的综合指标是活性物质的利用率。换言之，活性物质利用得越充分，电池给出的容量也就越高。采用薄型电极和多孔电极，以及减小电池内阻，均可提高活性物质的利用率，从而提高电池实际输出的容量。

3. 电池能量

电池的能量是指在一定放电制度下，电池所能输出的电能，通常用瓦时（W·h）表示。电池的能量反映了电池做功能力的大小，也是电池放电过程中能量转换的量度。对于电动汽车来说，电池的能量大小直接影响电动汽车的行驶距离。

① 理论能量。假设电池在放电过程中始终处于平衡状态，其放电电压保持电动势的数值，而且活性物质的利用率为 100%，即放电容量等于理论容量，则在此条件下电池所输出的能量为理论能量，也就是可逆电池在恒温、恒压下所做的最大功。

② 实际能量。实际能量是电池放电时实际输出的能量。它在数值上等于电池实际容量与电池平均工作电压的乘积。

4. 能量密度与功率密度

（1）能量密度

能量密度又称比能量，比能量分为质量比能量和体积比能量。质量比能量是指单位质量电池所能输出的能量，单位常用 W·h/kg，又称质量能量密度。体积比能量是指单位体积电池所能输出的能量，又称体积能量密度，单位常用 W·h/L。常用比能量来比较不同的电池系列，比能量也分为理论比能量和实际比能量。

理论比能量指质量 1 kg 电池反应物质完全放电时理论上所能输出的能量。根据正、负极活性物质的理论质量比容量和电池的电动势，电池的理论比能量可以直接计算出来。如果电解液参加电池的反应，还需要加上电解质的理论用量。理论比能量只考虑了按照电池反应式进行的完全可逆的电池反应条件下的比能量，因此是一种理想化的模型。对于实际应用的电池，实际比容量更有意义。因为电池反应不可能达到完全可逆的充放电和能量状态，而且电池中很多必要辅助材料占据了电池的质量和体积。

实际比能量是指质量 1 kg 的电池在放电过程中实际输出的能量，表示为电池实际输出能量与整个电池质量（或体积）之比，由于各种因素的影响，电池的实际比能量远小于理论比能量。

电池的比能量是综合性指标，它反映了电池的质量水平。电池的比能量影响电动汽车的整车质量和续驶里程，是评价电动汽车的动力电池是否满足预定的续驶里程的重要指标。

（2）功率密度

功率密度又称比功率，是单位质量或单位体积电池输出的功率，比功率是评价电池及电池包是否满足电动汽车加速、爬坡能力和最高车速等性能的重要指标。

将能量除以时间，便得到功率，单位为 W 或 kW。同样道理，功率密度是指单位质量或单位体积电池输出的功率，单位为 W/kg 或 W/L。不同电池的比能量和比功率比较见表 1-1-1。

表 1-1-1　不同储能器的比能量和比功率比较

电池种类	比能量/(W·h/kg)	比功率/(W/kg)
铅酸电池	30～40	300～500
镍氢电池	40～50	500～800
锂离子电池	60～70	500～1 500
锂聚合物电池	50	600～1 100
飞轮储能器	1～5	50～300
超级电容器	2～8	400～4 500

能量密度与功率密度的区别如图 1-1-7 所示。能量密度高的动力电池就像龟兔赛跑里的乌龟，耐力好，可以长时间工作，保证汽车续航里程长；功率密度高的动力电池就像龟兔赛跑里的兔子，速度快，可以提供很高的瞬间电流，保证汽车加速性能好。

图 1-1-7　能量密度与功率密度的区别

5. 放电电流和放电深度

放电电流大小或放电条件，通常用放电率表示，是电池容量或能量的技术参数。

1）放电率，指放电时的速率，常用"时率"和"倍率"表示。时率是指以放电时间（h）表示的放电速率，即以一定的放电电流释放完额定容量所需的时间。倍率，指电池在规定时间内放出额定容量所输出的电流值，数值上等于额定容量的倍数。例如 2"倍率"放电，表示放电电流数值为额定容量的 2 倍，若电池容量为 3 A·h，那么放电电流应为 2×3=6（A），也就是 2"倍率"放电。

2）放电深度，表示放电程度的一种量度，为放电容量与总放电容量的百分比，简称 DOD（Depth of Discharge）。放电深度的高低与二次电池的充电寿命有很密切的关系：二次电池的放电深度越深，其充电寿命就越短，因此在使用时应尽量避免深度放电。

6. 荷电状态

荷电状态（SOC），也叫剩余电量，代表的是电池放电后剩余容量与其完全充电状态的容量的比值。

其取值范围为 0～1，当 SOC=0 时表示电池放电完全，当 SOC=1 时表示电池完全充满电。电池管理系统（BMS）就是主要通过管理 SOC 并进行估算来保证电池高效的工作，所以它是电池管理的核心。

目前 SOC 估算主要有开路电压法、安时计量法、人工神经网络法、卡尔曼滤波法等。

7. 电池的内阻

内阻是指电池在工作时，电流流过电池内部所受到的阻力，电池在短时间内的稳态模型可以看作一个电压源，其内部阻抗等效为电压源的内阻，内阻大小决定了电池的使用效率。电池包括欧姆内阻和极化内阻，极化内阻又包括电化学极化内阻和浓差极化内阻。例如铅酸电池的内阻包括正负极板的电阻、电解液的电阻、隔板的电阻和连接体的电阻等。

8. 寿命

电池的寿命分为储存寿命和使用寿命。

储存寿命有"干储存寿命"和"湿储存寿命"两个概念。对于在使用时才加入电解液的电池储存寿命，习惯上称为干储存寿命，其寿命可以很长。而对于出厂前已加入电解液的电池储存寿命，习惯上称为湿储存寿命，湿储存时自放电严重，寿命较短。

使用寿命是指电池实际使用的时间长短。对一次电池而言，电池的寿命是表征给出额定容量的工作时间（与放电倍率大小有关）。对二次电池而言，电池的寿命分充放电循环寿命和湿搁置使用寿命两种。

充放电循环寿命是衡量二次电池性能的一个重要参数。在一定的充放电制度下，电池容量降至某一规定值之前，电池能耐受的充放电次数，称为二次电池的充放电循环寿命。充放电循环寿命越长，电池的性能越好。在目前常用的二次电池中，镍镉电池的充放电循环寿命为 500～800 次，铅酸电池为 200～500 次，锂离子电池为 600～1 000 次，锌银电池很短，为 100 次左右。

二次电池的充放电循环寿命与放电深度、温度、充放电制式等条件有关。减少放电深度（即"浅放电"），则二次电池的充放电循环寿命可以大大延长。

9. 储存性能和自放电

对于所有化学电源，即使在与外电路没有接触的条件下开路放置，容量也会自然衰减，这种现象称为自放电，又称荷电保持能力。

电池自放电的大小，用自放电率来衡量，一般用单位时间内容量减少的百分比表示。

自放电率 =（储存前电池容量 − 储存后电池容量）/ 储存前电池容量 ×100%

电池的自放电主要是由电极材料、制造工艺、储存条件等多方面因素决定的。从热力学的角度来看，电池的放电过程是体系自由能减少的过程，因此自放电的发生是必然的，只是速率有所差别。影响自放电率的因素主要是电池储存的温度和湿度条件等。温度升高会使电池内正负极材料的反应活性提高。同时电解液的离子传导速度加快，镉等辅助材料的强度降低，使自放电反应速率大大提高，如果温度太高，就会严重破坏电池内的化学平衡，发生不可逆反应，最终会严重损害电池的整体性能。湿度的影响与温度条件相似，环境湿度太高也会加快自放电反应。一般来说，低温和低湿的环境条件下，电池的自放电率低，有利于电池的储存。但是温度太低也可能造成电极材料的不可逆变化，使电池的整体性能大大降低。

电池的储存性能是指电池在一定条件下储存一定时间后主要性能参数的变化，包括容量的下降、外观情况和有无变形或渗液情况。国家标准均有电池的容量下降和外观变化及漏液比例的限制。

1.1.3　电动汽车对动力电池的要求

1. 比能量高

为了提高电动汽车的续驶里程，要求电动汽车上的动力电池尽可能储存多的能量，但电动汽车又不能太重，其安装电池的空间也有限，这就要求电池具有高的比能量。

2. 比功率大

为了能使电动汽车在加速行驶、爬坡能力和负载行驶等方面能与燃油汽车竞争，就要求电池具有大的比功率。

3. 充放电效率高

电池中能量的循环必须经过充电—放电—充电的循环，高的充放电效率对保证整车效率具有至关重要的作用。

4. 相对稳定性好

电池应当在快速充放电和充放电过程变工况的条件下保持性能的相对稳定，使其在动力系统使用条件下能达到足够的充放电循环次数。

5. 使用成本低

除了降低电池的初始购买成本外，还要提高电池的使用寿命以延长其更换周期。

6. 安全性好

电池应不会引起自燃或燃烧，在发生碰撞等事故时，不会对乘员造成伤害。

1.1.4　锂离子电池的基本知识

锂电池是一类由锂金属或锂合金为负极材料、使用非水电解质溶液的电池。由于锂金属的化学特性非常活泼，使得锂金属的加工、保存、使用等过程，对环境要求非常高。所以，锂电池长期没有得到应用。随着科学技术的发展，现在锂电池已经成为了主流。

锂电池大致可分为两类：锂金属电池和锂离子电池。锂离子电池不含金属态的锂，并且是可以充电的。

锂离子电池是一种二次电池（充电电池），它主要依靠锂离子在正极和负极之间移动来工作。在充放电过程中，Li$^+$ 在两个电极之间往返嵌入和脱嵌。充电时，Li$^+$ 从正极脱嵌，经过电解质嵌入负极，负极处于富锂状态；放电时则相反。手机和笔记本电脑使用的都是锂离子电池，人们俗称其为锂电池。锂电池一般采用含有锂元素的材料作为电极，是现代高性能电池的代表。

而真正的锂金属电池由于危险性大，很少应用于日常电子产品。可充电电池的第五代产品锂金属电池在 1996 年诞生，其安全性、比容量、自放电率和性能价格比均优于锂离子电池。由于其自身的高技术要求限制，现在只有少数几个国家的公司在生产这种锂金属电池。

锂离子电池发展过程如下。

1970 年，埃克森的 M.S.Whittingham 采用硫化钛作为正极材料，金属锂作为负极材料，制成首个锂电池。锂电池的正极材料是二氧化锰或亚硫酰氯，负极是锂。电池组装完成后电池即有电压，不需充电。锂离子电池是锂电池发展而来。举例来讲，以前照相机里用的纽扣式电池就属于锂电池。这种电池也可以充电，但循环性能不好，在充放电循环过程中容易形成锂结晶，造成电池内部短路，所以一般情况下这种电池是禁止充电的。

1982 年，伊利诺伊理工大学的 R.R.Agarwal 和 J.R.Selman 发现锂离子具有嵌入石墨的特性，此过程是快速的，并且可逆。与此同时，采用金属锂制成的锂电池，其安全隐患备受关注，因此人们尝试利用锂离子嵌入石墨的特性制作充电电池。首个可用的锂离子石墨电极由贝尔实验室试制成功。

1983 年，M.Thackeray、J.Goodenough 等人发现锰尖晶石是优良的正极材料，具有低价、稳定和优良的导电、导锂性能。其分解温度高，且氧化性远低于钴酸锂，即使出现短路、过充电，也能够避免燃烧、爆炸的危险。

1989 年，A.Manthiram 和 J.Goodenough 发现采用聚合阴离子的正极将产生更高的电压。

1992 年，日本索尼公司发明了以炭材料为负极，以含锂的化合物为正极的锂电池，在充放电过程中，没有金属锂存在，只有锂离子，这就是锂离子电池。随后，锂离子电池革新了消费电子产品的面貌。此类以钴酸锂作为正极材料的电池，至今仍是便携电子器件的主要电源。

1996 年，Padhi 和 Goodenough 发现具有橄榄石结构的磷酸盐，如磷酸铁锂（LiFePO$_4$），比传统的正极材料更具安全性，尤其耐高温，耐过充电性能远超传统锂离子电池材料。

纵观电池发展的历史，可以看出当前世界电池工业发展的三个特点，一是绿色环保电池迅猛发展，包括锂离子电池、氢镍电池等；二是一次电池向蓄电池转化，这符合可持续发展战略；三是电池进一步向小、轻、薄方向发展。在商品化的可充电池中，锂离子电池的比能量最高，特别是聚合物锂离子电池，可以实现可充电池的薄形化。正因为锂离子电池的体积比能量和质量比能量高，可充且无污染，具备当前电池工业发展的三大特点,因此在发达国家中有较快的增长。电信、信息市场的发展,特别是移动电话和笔记本电脑的大量使用,给锂离子电池带来了市场机遇。而锂离子电池中的聚合物锂离子电池以其在安全性的独特优势,将逐步取代液体电解质锂离子电池,而成为锂离子电池的主流。聚合物锂离子电池被誉为"21世纪的电池",将开辟蓄电池的新时代,发展前景十分乐观。

2015年3月,日本夏普与京都大学的田中功教授联手成功研发出了使用寿命可达70年之久的锂离子电池。此次试制出的长寿锂离子电池,体积为 8 cm³,充放电次数可达2.5万次。夏普方面表示,此长寿锂离子电池实际充放电1万次之后,其性能依旧稳定。

1. 锂离子电池基本原理与结构

锂电池是指电化学体系中含有锂(包括金属锂、锂合金和锂离子、锂聚合物)的电池。锂离子电池是锂离子在电极之间移动而产生电能的,这种电能的存储和放出是通过正极活性物质中放出的锂离子向负极活性物质中移动完成的,并不伴随化学反应,这是锂离子电池的最大特点。锂离子电池反应的这种特点,使锂离子电池比传统的二次电池具有更长的寿命。

此外,电极材料种类有较大的选择空间也是锂离子电池的一大特点,再加上锂离子电池本身就具有小型化、轻量化和高电压化的特点,通过材料的选择和结构设计即能实现高输出功率和高容量,因此可以设计出与实际用途完全相符的结构及特性,这也是锂离子电池的优势之一。

图1-1-8是锂离子电池的示意图,它由作为氧化剂的正极活性物质、作为还原剂的负极活性物质、作为锂离子导电的电解液以及防止两个电极产生短路的隔板组成,利用正极与负极之间锂离子的移动来进行充电和放电。其工作原理如图1-1-9所示。一般的圆柱形锂离子电池的结构示意图如图1-1-10所示,正极和负极的活性物质是利用一种被称为Binder的树脂胶粘剂固定在金属箔上,然后在其中间夹入隔板后收卷而成。方形锂离子电池的结构示意图如图1-1-11所示。

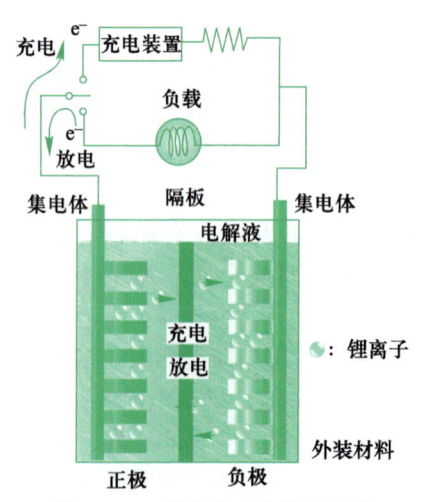

图1-1-8 锂离子电池的示意图

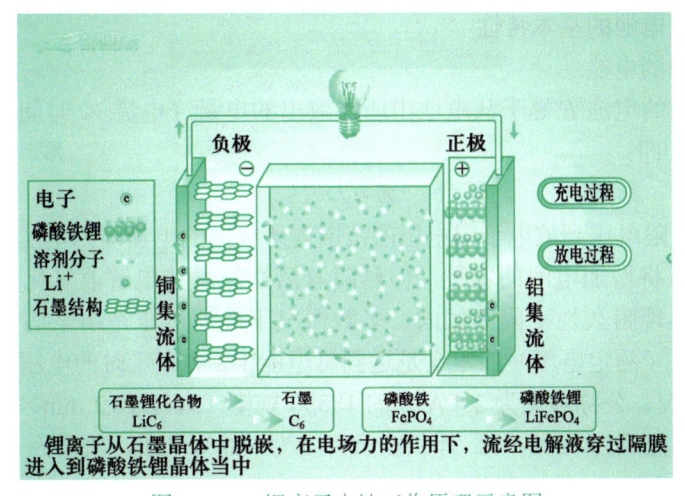

图 1-1-9　锂离子电池工作原理示意图

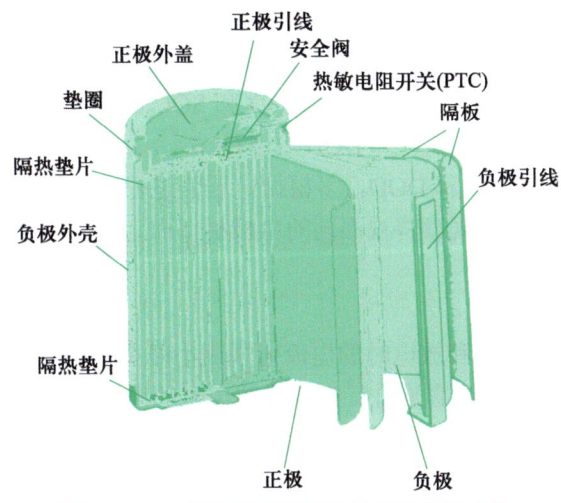

图 1-1-10　圆柱形锂离子电池的结构示意图

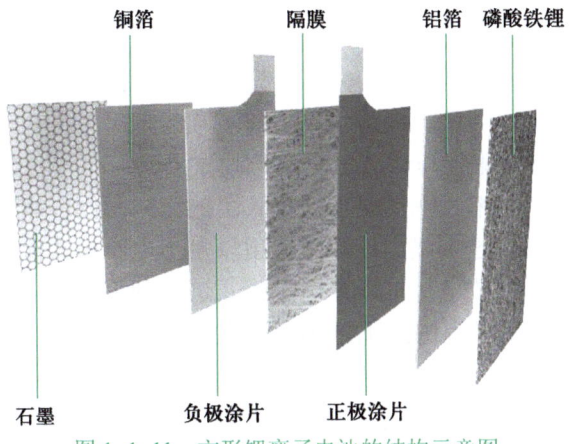

图 1-1-11　方形锂离子电池的结构示意图

2. 锂离子电池的基本特性

（1）电池的电能

电池输出的电能 E 等于从电池中所能取出的电量（电流 × 时间）Q 与电池电压 U 的乘积，即：

$$E=Q\times U$$

在充电上限电压到放电下限电压的范围内所放出的电量即为电池的容量。尽管提高上限电压将增加电池的容量，但是随着活性物质和电解液氧化还原反应的进行，一般会出现耐久性下降的倾向。多数情况下电池电压是用平均电压值来代替的，平均电压（额定电压）的定义是达到总电能 1/2 放电量时的电压值。例如，额定电压为 3.7 V、公称容量为 2.4 A·h 的 18650 规格（直径 18.3 mm×65 mm）的锂离子电池的总能量为 8.9 W·h，体积能量密度为 520 W·h/L，质量为 44 g 时的质量能量密度为 201 W·h/kg。

（2）剩余电量的估算

关于电池的充电状态，多数以 SOC 形式来表示。SOC 采用剩余容量与设计容量的比率表示，充电时电量达到充满状态时即为 SOC=100%，放电容量与设计容量的比率采用放电深度（DOD）表示，DOD 和 SOC 的关系为

$$DOD=1-SOC$$

对于一般电池的 SOC 和 DOD，多根据电压值进行估算，但是对于锂离子电池而言，电压平坦域的具体观察将视不同的电极材料而定，有时难以根据电压来估算 SOC。

（3）小时率

一般情况下，充电时和放电时的电流值采用小时率（充/放电倍率）表示。假设某种电池在 1 h 内以标称容量进行充电或放电时的电流值为 1 C，那么第 10 h 的电流值将为 0.1 C，因此，电流值将随电池容量的改变而发生变化，在表示电池的充放电性能时会被频繁地使用，而电池的标称容量并不包括内电阻所产生的影响，因此，采用以 0.1C 以下的低倍率充电到上限电压并以同一倍率放电到终止电压时的容量表示。

（4）充放电性能

由于对锂离子电池进行过度充电和过度放电会对其安全性和循环寿命的保持带来不良的影响，因此附带保护电路。当从 SOC=0% 起开始充电时，一般采用先按恒定电流模式充电到上限电压，其后再在该模式下边降低电流边充电来防止发生过度充电的情况。为了缩短在恒定电流模式下的充电时间，有的情况下可以允许恒定电压在瞬间状态超过上限电压，并采用以矩形电流模式流动的脉冲充电方式进行充电。另外，通常放电是以恒定电流模式进行到下限电压时为止。由于电池的内电阻会使电压以与电流成正比的速率下降，因此如图 1-1-12 所示，当采用较高的倍率进行放电时，电压和容量均会下降，而且电解液中离子的导电性在低温时会发生下降，以致引起内电阻增加，从而使电压和容量下降，如图 1-1-13 所示。

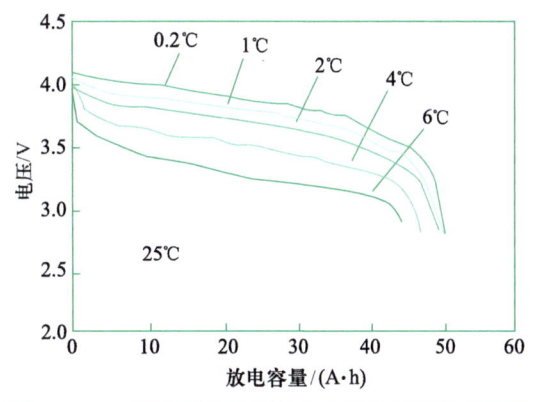

图 1-1-12　锂离子电池的放电容量与放电倍率关系

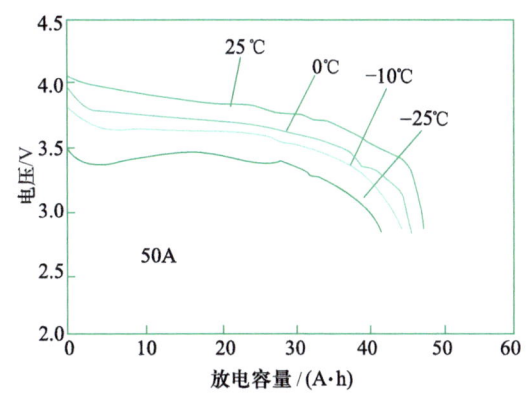

图 1-1-13　锂离子电池的放电容量与温度关系

3. 锂离子电池的常见类型和性能对比

（1）按照正极材料分类

锂离子电池按照正极材料进行分类，可分为钴酸锂、锰酸锂、镍酸锂、磷酸铁锂、三元材料［镍钴锰酸锂 Li（NiCoMn）O_2］等。

（2）按照电解质分类

锂离子电池按照电解质进行分类，可分为液态锂离子电池（liquid ion battery，LIB）和聚合物锂离子电池（polymer lithium ion battery，LIP）。分类对比见表 1-1-2。

表 1-1-2　锂离子电池分类对比表

正极材料	平均输出电压/V	能量密度/（mA·h/g）
$LiCoO_2$	3.7	140
$Li_2Mn_2O_4$	4.0	100
$LiFePO_4$	3.3	130
Li_2FePO_4F	3.6	115

(3) 锂离子电池其他性能对比

锂离子电池其他性能对比如下。

① 能量密度：18650 电池（钴酸锂）> 磷酸铁锂 > 锰酸锂

② 价格优势：18650 电池（钴酸锂）> 锰酸锂 > 磷酸铁锂

③ 安全性：磷酸铁锂 > 锰酸锂 > 18650 电池（钴酸锂）

④ 循环寿命：磷酸铁锂 > 锰酸锂 > 18650 电池（钴酸锂）

1.1.5 锂离子电池的基本参数检测

1. SOC 状态检测

电池的荷电状态（SOC）被用来反映电池的剩余容量状况，这是目前国内外比较统一的认识，其数值上定义为电池剩余容量占电池容量的比值。

荷电状态是动力电池重要的技术参数，只有准确知道电池的荷电状态，才能更好地使用电池。因为电池组的 SOC 和很多因素相关且具有很强的非线性，从而给 SOC 实时在线估算带来很大的困难，还没有一种方法能十分准确地测量电池的荷电状态。目前主要的测量方法有以下几种：开路电压法、安时积分法、内阻法等。

① 开路电压法：利用电池的开路电压与电池的 SOC 的对应关系，通过测量电池的开路电压来估计 SOC。开路电压法比较简单，但是，开路电压法适用于测试稳定状态下的电池 SOC，不能用于动态的电池 SOC 估算。

② 安时积分法：通过负载电流的积分估算 SOC，该方法实时测量充入电池和从电池放出的电量，从而能够给出电池任意时刻的剩余电量（图 1-1-14）。这种方法实现起来较简单，受电池本身情况的限制小，适宜发挥实时监测的优点，简单易用、算法稳定，成为目前电动汽车上使用最多的 SOC 估算方法。

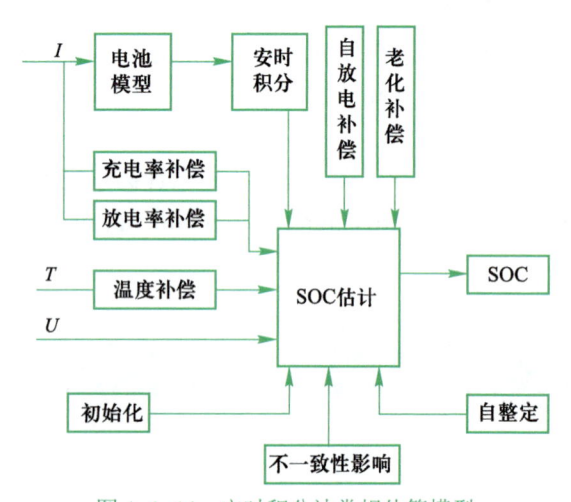

图 1-1-14 安时积分法常规估算模型

③ 内阻法：电池的 SOC 与电池的内阻有一定的联系，可以利用电池内阻与 SOC 的关系来预测电池的荷电状态。图 1-1-15 所示是电池内阻测试仪。

图 1-1-15　电池内阻测试仪

2. 内阻检测

内阻是电池最为重要的特性参数之一，绝大部分老化的电池都是因为内阻过大而造成无法继续使用。通常电池的内阻阻值很小，一般用毫欧来度量它。不同电池的内阻不同，型号相同的电池由于各电池内部的电化学性能不一致所以内阻也不同。对于电动汽车动力电池而言，电池的放电倍率很大，在设计和使用过程中需要尽量减小电池的内阻，确保电池能够发挥其最大功率特性。

锂离子电池的内阻不是固定不变的常数，而是在使用过程中主要受荷电状态（SOC）和温度等因素的影响。

内阻测量是一个比较复杂的过程，目前主要有两种方法，即直流放电法和交流阻抗法。

（1）直流放电法

直流放电法是对蓄电池进行瞬间大电流放电（一般为几十到上百安培），然后测量电池两端的瞬间压降，再通过欧姆定律计算出电池内阻。该方法比较符合电池工作的实际工况，简单且易于实现，在实践中得到了广泛的应用。但该方法的缺点是必须在静态或脱机的情况下进行，无法实现在线测量。直流放电测试仪如图1-1-16所示。

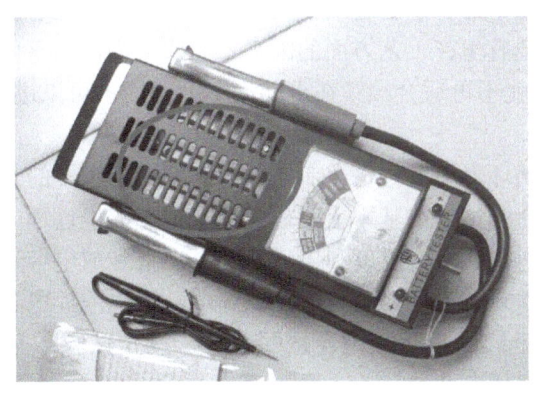

图 1-1-16　直流放电测试仪

（2）交流阻抗法

交流阻抗法是一种以小幅值的正弦波电流或者电压信号作为激励源，注入蓄电池，通过测定其响应信号来推算电池内阻。该方法的优点在于测量时间较短，不会因大电流放电对电池本身造成太大的损害。

3. 容量检测

电池容量是指在一定条件下（包括放电率、环境温度、终止电压等），供给电池或者电池放出的电量，即电池存储电量的大小，是电池另一个重要的性能指标。容量通常以安培·小时（A·h）或者瓦特·小时（W·h）表示。A·h容量是国内外标准中通用容量表示方法，延续电动汽车电池中的概念，表示一定电流下电池的放电能力，常用于电动汽车电池。图1-1-17所示为电池容量测试仪结构与测试方法。

图1-1-17 电池容量测试仪结构与测试方法

电池容量测试的标准流程：放电阶段→搁置阶段→充电阶段→搁置阶段→放电阶段。具体为，用专用的电池充放电设备，在特定温度条件下，蓄电池以设定好的电流进行放电，至蓄电池电压达到技术规范或产品说明书中规定的放电终止电压时停止放电，静置一段时间，然后再进行充电。

充电一般分为两个阶段，先以固定电流恒流充电，至蓄电池电压达技术规范或产品说明书中规定的充电终止电压时转恒压充电，此时充电电流逐渐减小，至充电电流降至某一值时停止充电，充电后静置一段时间。在设定好的环境下以固定的电流进行放电，直到电池显示放电终止电压，放电过程结束。

4. 寿命检测

电池在使用过程中的容量会逐渐损失。导致锂离子电池容量损失原因很多，有材料方面的原因，也有生产工艺方面的因素。一般认为，当蓄电池只能充满原有电容量80%的时候，就不再适合继续在电动汽车上使用，可以进行梯次利用、回收、拆解和再生。

电池的寿命有循环寿命和日历寿命之分，其中应用最多的是循环寿命。

常规的循环寿命测试方法基本上就是容量测试充放电过程的循环。典型的方法是，将蓄电池充满电，在特定温度和电流下放电，直到放电容量达到某一预先设定的数值，如此连续重复若干次。再将电池充满电，将电池放电到放电截止电压检查其容量。如果蓄电池容量小于额定容量的80%，终止试验，充放电循环在规定条件下重复的次数为循环寿命数。

上述这种静态测试方法可以检测出同批次或不同批次动力电池的性能，但是却无法反映出动力电池应用于电动汽车时的性能表现及使用时间。随着不同种类电动汽车动力系统构型、车辆行驶工况和所处气候条件的差异，导致在实际使用过程中，动力电池的工作环境有显著差别。

任务实施

1. 工作准备

防护装备：绝缘防护装备。

车辆、台架、总成：北汽新能源纯电动汽车系列、北汽 EV150 或其他同类纯电动汽车。

专用工具、设备：电池单元电压检测设备、补电机。

手工工具：绝缘拆装组合工具。

辅助材料：警示标志和设备、清洁剂。

2. 实施步骤

以北汽 EV150 型汽车为例，其动力电池欠电压单元的检测及补电操作的流程与规范，实施步骤见表 1-1-3。

表 1-1-3　动力电池欠电压单元的检测及补电操作流程

步骤	说明
1. 检测电池各单元电压 电压15: 2.516　电压16: 2.279　电压17: 2.388 电压2: 2.587　电压2: 1.917　电压2: 2.478 2.439　2.408　2.517	用专业电池单元电压检测设备检测各电池单元的电压，确定欠电压的电池单元
2. 打开动力电池包外壳	螺栓拆卸时要按照对角拆卸顺序
3. 拔下欠电压单元电池 BMS 接口	确定欠电压单元电池所属 BMS 接口位置，并拔下插头

续表

步骤	说明
4. 连接补电机	务必使用北汽专用 12 通道或单通道补电机。补电机位置要固定，防止跌落。将欠电压单元电池所在位置插头插入补电机接口
5. 为补电机接电源	使用补电机专用电源线连接补电机和电源
6. 选择充电设置	根据实际需求设定欠电压单元电池所需电压或安时，设定完成后按下确定按钮，将后方"×"变为"√"
7. 关闭电源，断开连接线	等补电完成后，断开连接线 断开连接线时，须确保补电机电源关闭

8. 连接 BMS 线束	
	确保线束插头连接可靠
9. 安装箱体上盖	
	安装螺栓须按对角顺序和标准力矩拧紧

任务评价

学习任务评价表

班级：　　　　　小组：　　　　　学号：　　　　　姓名：

项目内容	主要测评项目	学生自评			
		A	B	C	D
关键能力总结	1. 遵守纪律，遵守学习场所管理规定，服从安排。 2. 具有安全意识、责任意识和5S管理意识，注重节约、节能与环保。 3. 学习态度积极主动，能按时参加安排的实习活动。 4. 具有团队合作意识，注重沟通，能自主学习及相互协作。 5. 仪容仪表符合学习活动要求				
专业知识与能力总结	1. 能写出动力电池的基本术语和性能指标； 2. 能通过查阅相关资料，教师演示，小组协作顺利完成动力电池的车下维护				

续表

项目内容	主要测评项目	学生自评			
		A	B	C	D
个人自评总结与建议					
小组评价					
教师评价		总评成绩				

教师签字：　　　　　日期：

任务二 动力电池包的更换

知识目标

1. 能够描述动力电池内部组成部件及功能。
2. 能够描述常见车型动力电池组的结构组成。
3. 能够描述动力电池的存放与回收处理注意事项。

能力目标

能够进行新能源汽车动力电池的分解与组装。

任务引入

一辆北汽 EV200 轿车，行驶 150 km。在正常行驶过程中，突然报警，显示屏上显示"重要故障,请尽快离开车内,5 s 后将断电",中控屏上显示"动力蓄电池故障"(图1-2-1),同时动力系统失效。车主在靠边停车后,重复开关了几次,故障依旧存在。针对该故障现象,该如何检修呢?

图 1-2-1 动力电池故障

知识链接

1.2.1 动力电池整体认知

动力电池系统是纯电动汽车动力来源,它为整车驱动系统和其他用电器提供电能。图 1-2-2 为典型纯电动汽车信号与能量流动线路图。

不同种类的电动汽车其能源转换系统构成不同,因而其能源管理的软、硬件系统装置构成就不同。蓄电池电动汽车的能源转换装置仅由电动机/发电机、蓄电池、功率变换模块及动力传递装置等组成,能源传递路线主要有由蓄电池到车轮(行驶)和由车轮到蓄电池(能量回收)两条,因而其能源管理系统最为简单,其主要任务是在满足汽车动力性需求的前提下,使蓄电池储存的能量得到最有效的利用,并能使汽车的减速和制动能量得到最大限度的回收,使汽车的能量效率最大。纯燃料电池电动汽车(指无储能装置的 FCV)也与此类似。

混合动力燃料电池汽车和混合动力电动汽车,其能量转换装置通常有发电装置(发动机/发电机或燃料电池)、能量储存装置(蓄电池、超级电容器等)、功率变换模块、动力传递装置、充放电装置等。其能量传递路线有四条:一是由发电装置到车轮的动力传递路线,二是由蓄电池到车轮,三是由发电装置到能量储存装置,四是由车轮到能量储存装置(能量回收)的能量流动路线。

动力电池包布置在整车地板下面,位置如图 1-2-3 所示。

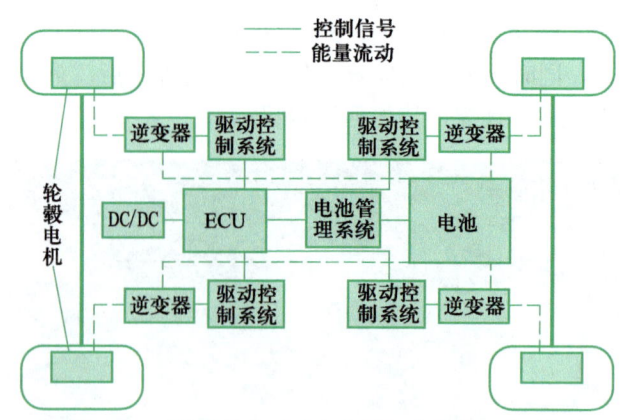

图 1-2-2　典型纯电动汽车信号与能量流动线路图

图 1-2-3　动力电池包位置

图 1-2-4 所示为磷酸铁锂电池实物图，适配北汽 EV160，型号是 C30DB-SK。表 1-2-1 为该款高压蓄电池具体参数。

图 1-2-4　磷酸铁锂电池

表 1-2-1　蓄电池具体参数

项目	PPST-25.6 kWh
零部件号	E00008417
额定电压	320 V
电芯容量	80 A·h

续表

额定能量	25.6 kW·h
连接方式	1P100S
总质量	295 kg
总体积	240 L
工作电压范围	250～365 V
能量密度	86 W·h/kg

动力电池系统主要由电池壳体、电池组、主控制盒、高压控制盒、电池低压管理系统、主继电器等组成，如图1-2-5所示。

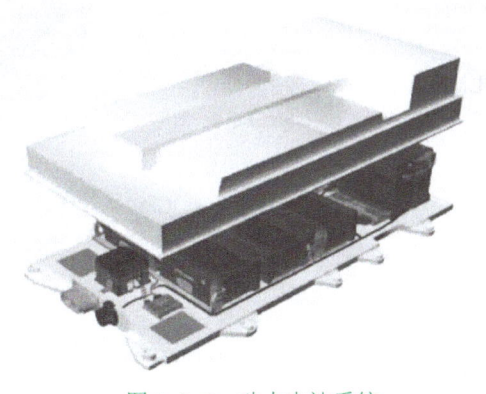

图1-2-5 动力电池系统

动力电池模组放置在一个密封并且屏蔽的动力电池箱里面，动力电池系统使用可靠的高压接插件与高压控制盒相连，然后输出的直流电由电机控制器转变为三相交流高压电，驱动电机工作；系统内的BMS实时采集各电芯的电压、各温度传感器的温度值、电池系统的总电压值和总电流值等数据，时时监控动力电池的工作状态，并通过CAN线与VCU或充电机之间进行通信，对动力电池系统充放电等进行综合管理。动力电池系统平面示意图如图1-2-6所示。

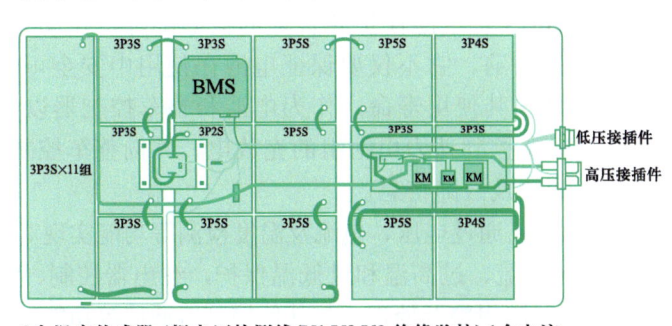

3个温度传感器；4根电压检测线(V1、V2、V3、绝缘监控)；1个电流传感器；3个直流接触器；1个预充电电阻；电芯电压/均衡采集线若干；检修开关1个。

图1-2-6 动力电池系统平面示意图

图 1-2-7 和图 1-2-8 所示为高压电池组主要组成部件和动力电池模组。

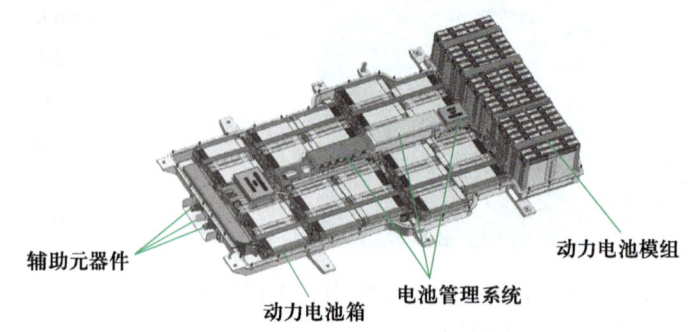

图 1-2-7　高压电池组主要组成部件

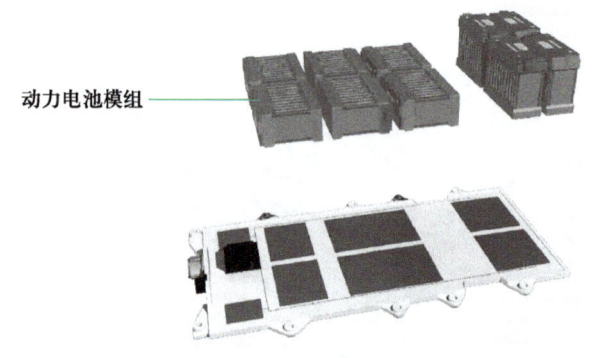

图 1-2-8　动力电池模组

1. 动力电池模组

1）电池单体：构成动力电池模块的最小单元。一般由正极、负极、电解质及外壳等构成。可实现电能与化学能之间的直接转换。

2）电池模块：一组并联的电池单体的组合，该组合额定电压与电池单体的额定电压相等，是电池单体在物理结构和电路上连接起来的最小分组，可作为一个单元替换。

3）模组：由多个电池模块或单体电芯串联组成的一个组合体。

2. 电池管理系统（BMS）

1）BMS 的作用：BMS 是电池保护和管理的核心部件，在动力电池系统中，它的作用就相当于人的大脑。它不仅要保证电池在使用中安全可靠，而且要充分发挥电池的能力并延长其使用寿命，作为电池和整车控制器以及驾驶人沟通的桥梁，通过控制接触器控制动力电池组的充放电，并向整车控制器 VCU 上报动力电池系统的基本参数及故障信息。

2）BMS 具备的功能：通过电压、电流及温度检测等功能实现对动力电池系统的过电压、欠电压、过电流、过高温和过低温保护，继电器控制、SOC 估算、充放电管理、均衡控制、故障报警及处理、与其他控制器通信等功能；此外电池管理系统还具有高压回路绝缘检测功能，以及为动力电池系统加热功能。

3. 动力电池箱

1）动力电池箱：动力电池箱是支撑、固定、包围电池系统的组件，主要包括上盖和下托盘，还有辅助元器件，如过渡件、护板、螺栓等，动力电池箱有承载及保护动力电池组及电气元件的作用。

2）技术要求：动力电池箱体通过螺栓连接在车身地板下方，其防护等级为 IP67。防护等级多以 IP 后跟随两个数字来表述，数字用来明确防护的等级。第一位数字表明设备抗微尘的范围，或者是人们在密封环境中免受危害的程度，代表防止固体异物进入的等级，最高级别是 6；第二位数字表明设备防水的程度，代表防止进水的等级，最高级别是 8。

螺栓拧紧力矩为 80～100 N·m。整车维护时需观察动力电池箱体螺栓是否有松动，动力电池箱体是否有破损或严重变形，密封法兰是否完整，确保动力电池可以正常工作。

3）外观要求：动力电池箱体外表面颜色要求为银灰色或黑色，亚光；动力电池箱体表面不得有划痕、尖角、毛刺、焊缝及残余油迹等外观缺陷，焊接处必须打磨圆滑。

动力电池箱体如图 1-2-9 所示。

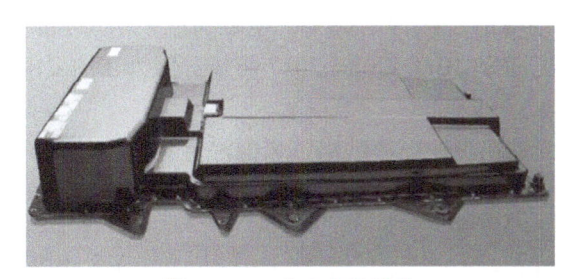

图 1-2-9　动力电池箱体

4. 辅助元器件

辅助元器件（图 1-2-10）主要包括动力电池系统内部的电子电器元件，如熔断器、继电器、分流器、接插件、紧急开关、烟雾传感器等，维修开关以及电子电器元件以外的辅助元器件，如密封条、绝缘材料等。

接触器位于线束和继电器模块内，用于控制高电压的通断。当接触器闭合时，高电压自电池组输出到车辆动力系统，接触器断开后，高电压保存在电池组内。

图 1-2-10　辅助元器件

1.2.2 动力电池参数标准及工作要求

1. 动力电池箱

动力电池箱作为电池模块的承载体，对电池模块的安全工作和防护起着关键作用。动力电池箱的外观设计主要从材质、表面防腐蚀、绝缘处理、产品标识等方面进行。动力电池箱体的设计目标要满足强度、刚度要求和电气设备外壳防护等级 IP67 设计要求并且提供碰撞保护，箱内电池模块要在底板合理排布，线束走向合理、美观且固定可靠。设计的通用要求要满足相关标准，比如 QC/T 989—2014。

（1）一般要求

具有维护的方便性。

在车辆发生碰撞或电池发生自燃等意外情况下，宜考虑防止烟火、液体、气体等进入车厢的结构或防护措施。

动力电池箱应留有铭牌与安全标志布置位置，给熔断器、动力线、采集线、各种传感元件的安装留有足够的空间和固定基础。

所有无级基本绝缘的连接件、端子、电触头应采取加强防护。在连接件、端子、电触头接合后应符合 GB/T 4208—2017 防护等级为 3 的要求。

（2）外观与尺寸

外表面无明显的划伤、变形等缺陷，表面涂镀层应均匀。

零部件紧固可靠，无锈蚀、毛刺、裂纹等缺陷和损伤。

（3）机械强度

耐振动强度和耐冲击强度，在试验后不应有机械损坏、变形和紧固部位的松动现象，锁止装置不应受到损坏。

采取锁止装置固定的蓄电池箱，锁止装置应可靠，具有防误操作措施。

（4）安全要求

在试验后，动力电池箱防护等级不低于 IP55。

人员触电防护应符合相关要求。

（5）相关规范标准要求

在完成整个动力电池系统的设计后，制作好的动力电池系统必须经过台架性能测试，验证是否符合设计要求，再经过装车试验，对系统进行改进和完善。整个动力电池系统的各个设计部分均需要符合相关规范标准要求，比如动力电池箱内所有连接线阻燃和耐火性能需满足 GB/T 19666—2005 的要求，其他一些在动力电池系统设计过程中涉及的相关标准见表 1-2-2。

表 1-2-2　箱体应满足的相关标准

标准	名称
GB/T 31484—2015	电动汽车用动力蓄电池循环寿命要求及试验方法
GB/T 31485—2015	电动汽车用动力蓄电池安全要求及试验方法

续表

标准	名称
GB/T 31486—2015	电动汽车用动力蓄电池电性能要求及试验方法
GB/T 31467.1—2015	电动汽车用锂离子动力蓄电池包和系统第 1 部分：高功率应用测试规程
GB/T 31467.2—2015	电动汽车用锂离子动力蓄电池包和系统第 2 部分：高能量应用测试规程
GB/T 31467.3—2015	电动汽车用锂离子动力蓄电池包和系统第 3 部分：安全性要求与测试方法
GB/T 18384.1—2015	电动汽车 安全要求 第 1 部分：车载可充电储能系统
GB/T 18384.2—2015	电动汽车 安全要求 第 2 部分：操作安全和故障防护
GB/T 18384.3—2015	电动汽车 安全要求 第 3 部分：人员触电防护
GB 4208—2008	外壳防护等级（IP 代码）

2. 动力电池性能参数

动力电池性能参数选择 SK 和 PPST 两款电池，其参数包括额定电压、电芯容量、额定能量、连接方式、总质量和总体积等，具体见表 1-2-3。

动力电池系统的额定电压 = 单体电芯额定电压 × 单体电芯串联数

动力电池系统的容量 = 单体电芯容量 × 单体电芯并联数量

动力电池系统总能量 = 动力电池系统的额定电压 × 动力电池系统的容量

动力电池系统质量比能量 = 动力电池系统总能量 ÷ 动力电池系统总质量

表 1-2-3 动力电池性能参数

项目	SK-30.4 kW·h	PPST-25.6 kW·h
零部件号	E00008302	E00008417
额定电压	332 V	320 V
电芯容量	91.5 A·h	80 A·h
额定能量	30.4 kW·h	25.6 kW·h
连接方式	3P91S	1P100S
电池系统供应商	BESK	PPST
电芯供应商	SKI	ATL
BMS 供应商	SK innovation	E-power
总质量	291 kg	295 kg
总体积	240 L	240 L
工作电压范围	250～382 V	250～365 V
能量密度	104 W·h/kg	86 W·h/kg
体积比能量	127 W·h/L	107 W·h/L

3. 动力电池内部条件

① 储电能量＞10%（SOC）。
② 电池温度在 –20～45℃。
③ 单体电芯温度差＜25℃。
④ 实际单体最低电压不小于额定单体电压 0.4 V。
⑤ 单体电压差＜300 mV。
⑥ 绝缘性能＞20 MΩ。
⑦ 动力电池内部低压供电、通信正常。
⑧ 电动电池监测系统工作正常（电压、电流、温度、绝缘）。

4. 动力电池外部条件

① BMS 常电供电正常（12 V 正、负极）。
② ON 信号正常。
③ VCU 唤醒信号正常。
④ CAN 总线通信正常（新能源 CAN 线）。
⑤ 高压线束连接正常。
⑥ 高压线束及电气设备绝缘性能＞20 MΩ。
⑦ 充电连接确认信号线或充电唤醒信号无短路（VCU 到充电机或充电连接线束）。

5. 充电电流与温度

① 采用车载充电机充电，充电温度与充电电流要求见表 1-2-4。

表 1-2-4　采用车载充电机充电的充电温度与充电电流

温度	小于 0℃（加热）	0～55℃	大于 55℃
可充电电流	0 A	10 A	0 A
备注	当单体最高电压高于额定电压 0.4 V 时，降低充电电流到 5 A，当单体电压高于额定电压 0.5 V 时，充电电流为 0 A，请求停止充电		

② 采用非车载充电机充电，充电温度与充电电流要求见表 1-2-5。

表 1-2-5　采用非车载充电机充电

温度	小于 5℃（加热）	5～15℃	15～45℃	大于 45℃
可充电电流	0 A	20 A	50 A	0 A
备注	恒流充电至单体电压高于额定电压 0.3 V 以后转为恒压充电方式			

③ 充电加热（仅适用于有加热功能的动力电池，见表 1-2-6）

表 1-2-6　充电加热

充电状态	车载充电机（慢充）	非车载充电机（快充）
温度	小于 0℃（加热）	小于 5℃（加热）

① 慢充时若低于 0℃的温度点，启动加热模式：闭合加热片，待所有电芯温度点高于 5℃时，停止加热，启动充电程序，过程中若出现电芯温度差高于 20℃，则间歇停止加热，待电芯温度差低于 15℃，则重启加热片。

② 加热过程中，正常情况下充电桩电流显示为 4～6 A。

③ 充电过程中充电桩电流显示为 12～13 A。

④ 如果单体电压差大于 300 mV，则停止充电，报充电故障。

⑤ 快充时若不高于 5℃的温度点，启动加热模式：电芯温度数据与慢充相同；如果充电过程中最低温度若不高于 5℃，则停止充电模式，也不重新启动加热模式。

1.2.3 常见车型动力电池简介

1. PPST 动力电池的结构特点

PPST 动力电池电路原理图如图 1-2-11 所示。

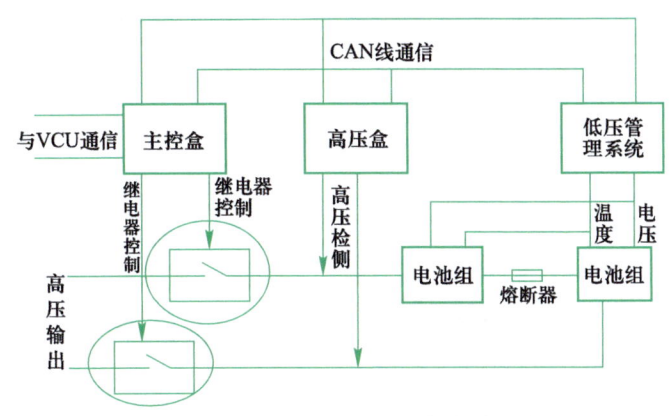

图 1-2-11 PPST 动力电池电路原理图

（1）电池组

由一个或多个单体电芯并联再串联成一个组合，称为电池组（图 1-2-12），把每个电池组串联起来就形成动力电池总成。以连接方式 3P91S 为例，其表示 3 个单体电芯并联组成一个电池组，再由 91 个电池组串联成动力电池总成。

图 1-2-12 电池组

(2) 电池管理系统主控盒

主控盒（图 1-2-13）是一个连接外部通信和内部通信的平台，主要功能如下。

① 接收电池管理系统反馈的实时温度和单体电压，并计算最大值和最小值。

② 接收高压盒反馈的总电压和电流情况。

③ 与整车控制器通信。

④ 与充电机或快充桩通信。

⑤ 控制正、负主继电器。

⑥ 控制电池加热。

⑦ 唤醒应答。

⑧ 控制充/放电电流。

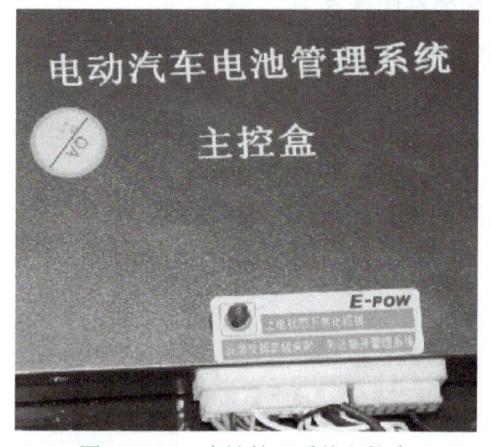

图 1-2-13 电池管理系统主控盒

(3) 电池管理系统高压盒

高压盒（图 1-2-14）主要负责"监控"动力电池的总电压和充、放电流及绝缘性能，主要功能如下。

① 监控动力电池的总电压。

② 监控动力电池的总电流。

③ 检测高压系统绝缘性能。

④ 监控高压连接情况。

⑤ 将以上项目监控到的数据反馈给主控盒。

(4) 动力电池低压管理系统（BMS）

BMS 的组成：按性质可分为硬件和软件，按功能可分为数据采集单元和控制单元。

BMS 的硬件：包括主板、从板及高压盒，还包括采集电压、电流、温度等数据的电子器件。

BMS 的软件：监测电池的电压、电流、SOC 值、绝缘电阻值、温度值，通过与 VCM、充电机的通信，来控制动力电池系统的充放电。

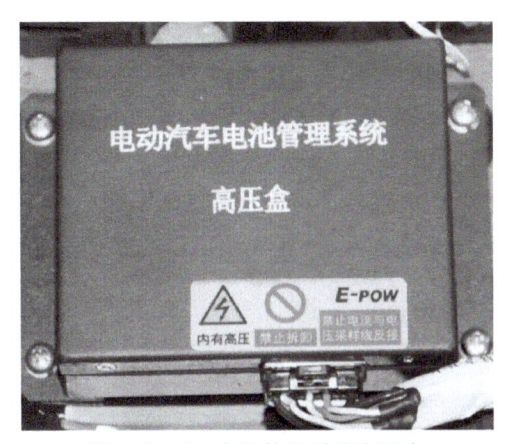

图 1-2-14　电池管理系统高压盒

电池低压管理系统负责"监控"动力电池的单体电压、电池组的温度,主要功能如下。

① 监控每个单体电压反馈给主控盒。
② 监控每个电池组的温度反馈给主控盒。
③ 检测高压系统绝缘性能。
④ 电量(SOC)值监测。
⑤ 将以上项目监控到的数据反馈给主控盒。

电池管理系统如图 1-2-15 所示。

图 1-2-15　电池管理系统

(5) 电池包的主要功能
① 提供动力。
② 计算电量。
③ 检测温度、电压、湿度。
④ 漏电检测、异常情况报警。
⑤ 充放电控制、预充电控制。
⑥ 检测电池一致性。

⑦ 系统自检，等。

2. 比亚迪 E6 动力电池的参数与结构组成

比亚迪 E6 动力电池系统由 11 个动力电池模组，共 96 节电池单元组成。如图 1-2-16 所示，比亚迪 E6 采用了磷酸铁锂电池，每个电池单元的单体电压约为 3.3 V，利用 96 节电池单元串联后，可以形成 316.8 V 左右的总电压。LiFePO$_4$（磷酸铁锂）电池的标称电压是 3.3 V，终止充电电压是 3.6 V，终止放电压是 2.0 V。

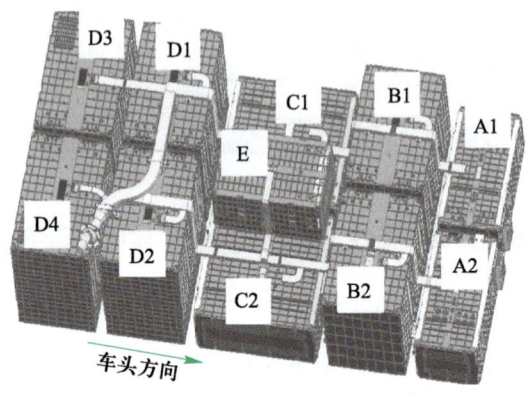

图 1-2-16 E6 动力电池组总成及电池模组位置

在 E6 的动力电池组总成中，可以分别对 11 个电池模组进行标记和命名，即从 A1～E 分别标记为 A1、A2、B1、B2、C1、C2、D1、D2、D3、D4 和 E，其中：

A1、A2、E——每个电池模组有 4 个电池单元串联；
B1、B2——每个电池模组有 10 个电池单元串联；
C1、C2——每个电池模组有 8 个电池单元串联；
D1、D2、D3、D4——每个电池模组有 12 个电池单元串联。

3. 荣威 E50 动力电池的参数与结构组成

荣威 E50 动力电池的参数见表 1-2-7。

表 1-2-7 荣威 E50 电池组参数表

参数	参数值	参数	参数值
总能量 /（kW·h）	18	总电压范围 /V	232.5～334.8
可用能量 /（kW·h）	16	单体电池电压范围 /V	2.5～3.6
总容能 /（A·h）	60	单体电池容量 /（A·h）	20
防护等级	IP67		

E50 动力电池组内部主要部件如图 1-2-17 所示。

1）动力电池组电池模块：包含 5 个模块，其中 3 个大模块（27 串 3 并），2 个小模块（6 串 3 并）；电池共 93 个串联。

2）动力电池组电池管理控制器：汇总内部控制器采集的电池信息，通过一定的控制策略，向整车控制器提供电池运行状态的信息，响应整车高压回路通断命令，实现对电池的充放电和热管理。

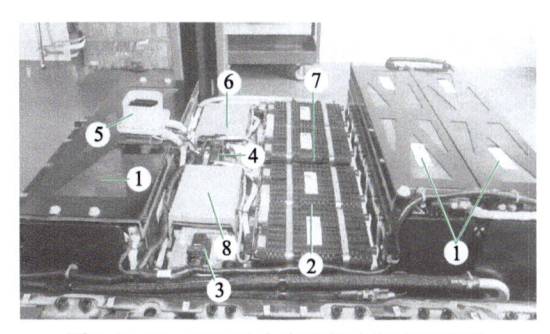

图 1-2-17　E50 动力电池组内部主要部件

1—高压电池组电池模块（27 串 3 并）；2—高压电池组电池模块（6 串 3 并）；
3—高压电池组电池管理控制器；4—高压电池组电池检测模块；5—手动维修开关；
6—高压电池组电池高压电力分配单元与电池采集和均衡模块（6 串 3 并）；
7—高压电池组电池模块（6 串 3 并）；8—电池采集和均衡模块（6 串 3 并）

3) 动力电池组电池高压电力分配单元：通过不同高压继电器的通断，实现各个高压回路的通断。

4) 动力电池组电池检测模块：实现电流检测和绝缘检测等功能。

5) 动力电池组电池采集和均衡模块：实现电池电压和温度的采集，电池均衡功能，每个大模块由 2 个电池采集和均衡模块管理，每个小模块由 1 个电池采集和均衡模块管理。

6) 其他。
① 高低压线束及接插件。
② 冷却系统附件：冷却板和冷却管路等。
③ 外壳。

1.2.4　动力电池的存放与回收处理注意事项

对高压动力电池部件进行维修时，必须采取特别的防护措施，同时遵守与工作环境相关的所有高压安全防护措施，还需要佩戴个人防护用品。

只允许将动力电池及其组件（例如电池模块）存放在带有自动灭火装置的空间内。此外必须装有火灾探测器，从而确保即使不在工作时间内也能识别出失火情况。原则上不允许将动力电池放在地面上，而是只能放在架子上或绝缘垫上（图 1-2-18）。必须将各电池模块存放在可上锁的安全柜内。当动力电池单元出现故障但未损坏时，可像起动蓄电池一样将其放在运输容器内。

出现以下情况时可视为蓄能器损坏：
① 动力电池单元带有可见烧焦痕迹；
② 动力电池单元具体部位可见由于高温形成的迹象；
③ 动力电池单元冒烟；
④ 动力电池单元外部面板变形或破裂。

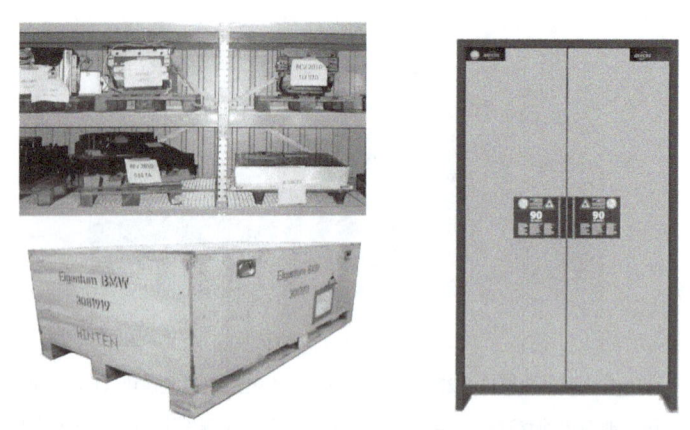

图 1-2-18　存放完好无损的高电压蓄能器和电池模块

必须将损坏的高电压蓄能器临时存放在户外带有特殊标记的容器内至少 48 h，才允许进行最终废弃处理（图 1-2-19）。

图 1-2-19　动力电池存放方式

存放位置必须与建筑物、车辆或其他易燃材料（例如垃圾）容器至少距离 5 m。必须将外部损坏的高电压蓄电池单元放在耐酸且防漏凹槽内，以免溢出的电解液流入土壤。

由于存在危险和容易污染环境，动力电池应由厂家或专门的机构回收处理。

2018 年 1 月 26 日，为加强新能源汽车动力电池回收利用管理，规范行业发展，工业和信息化部、科技部、生态环境部、交通运输部、商务部、质检总局、能源局联合印发《新能源汽车动力蓄电池回收利用管理暂行办法》，该办法从设计、生产及回收责任、综合利用、监管管理等方面作出了明确规定。该办法提出，工业和信息化部会同国家标准化主管部门制定动力电池回收利用相关拆卸、拆解、包装运输、余能检测、梯级利用、材料回收利用等技术标准，建立动力电池回收利用管理标准体系。

任务实施

1. 工作准备

防护装备：绝缘防护装备。

车辆、台架、总成：北汽新能源纯电动汽车系列、北汽 EV150 或其他同类纯电动汽车。

专用工具、设备：动力电池举升机。

手工工具：绝缘拆装组合工具、万用表等。

辅助材料：警示标志和设备、清洁剂。

2. 实施步骤

以北汽 EV150 型汽车为例，介绍动力电池包拆装的流程与规范，实施步骤见表 1-2-8。

表 1-2-8 动力电池包拆装的流程与规范

1. 工具准备	
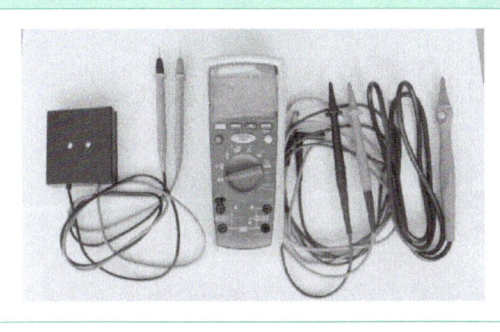	（1）准备安全防护设备、EV160/200 整车、车内外三件套。 （2）检查并调校设备仪器
	（3）检查绝缘工具
	（4）检查动力电池举升机工作是否正常

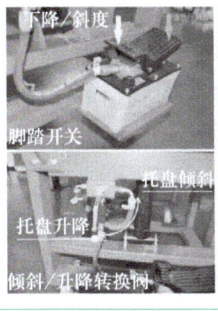

续表

2. 防护准备		
		（1）检查绝缘垫对地绝缘性能
		（2）设置隔离和警示标志
		（3）检查并穿戴个人安全防护用品
		（4）施工人员需持高压电工证上岗操作

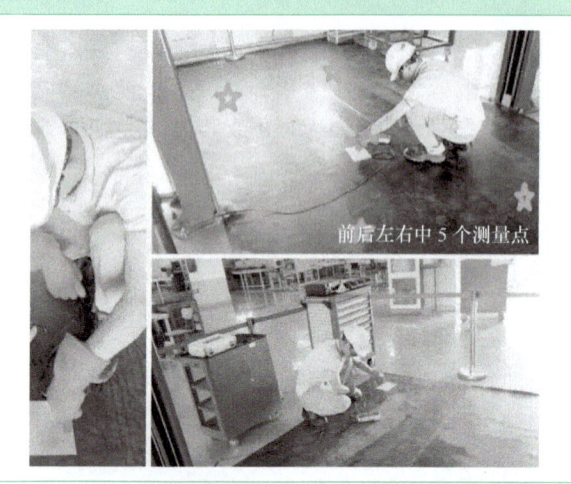

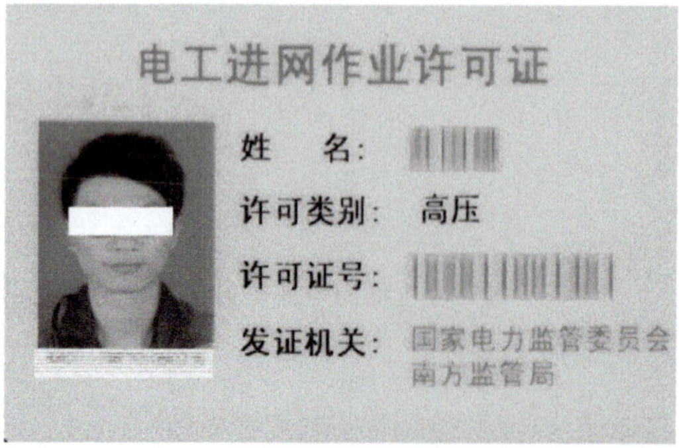

续表

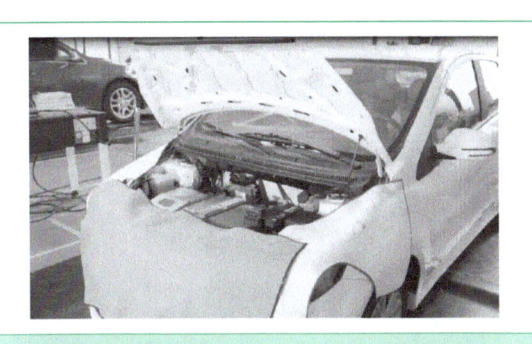	（5）铺设车外三件套
3.断开蓄电池负极	
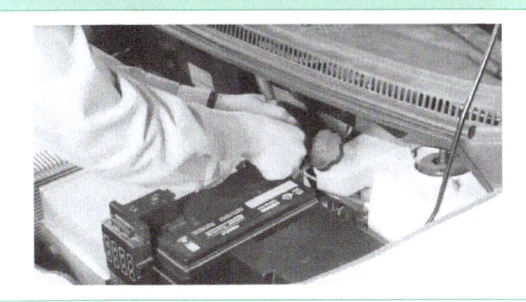	（1）断开蓄电池负极
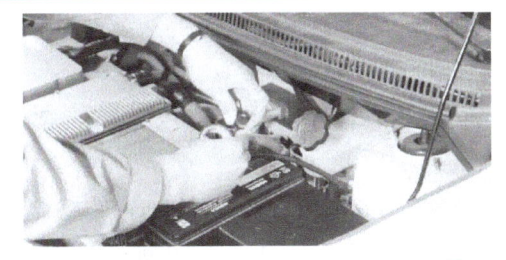	（2）使用绝缘胶布包裹好蓄电池负极
	（3）断开 PDU 控制电路 35 针插头
	（4）设置警示标志

续表

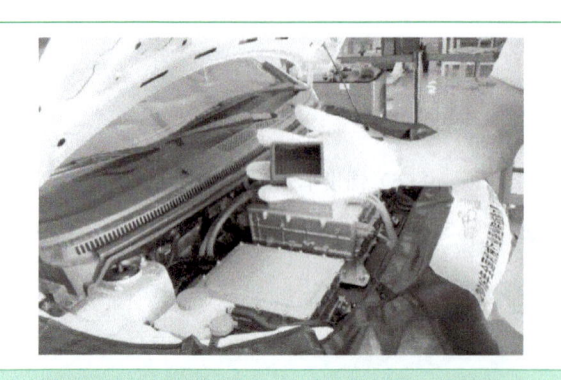	（5）在 PDU 端安装密封塞
4. 拆卸维修开关并放置妥当	
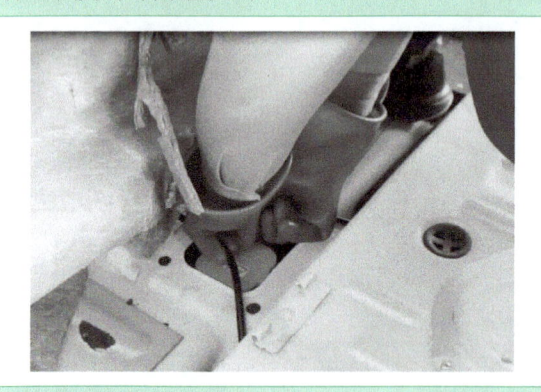	拆卸维修开关后，必须等车辆静置 5～10 min 之后方可进行下一步操作
5. 举升车辆至合适操作的高度	
	举升前，找准车辆举升点，正确放置举升机托盘，保证 4 个托盘在同一水平面上。 车辆举升至离地面 25 cm 后，分别晃动车辆前后保险杠，检查车辆支撑是否牢靠，牢靠后方可继续举升 当车辆举升至适合操作的高度时，要锁止举升机，同时关闭举升机电源
6. 拆卸动力电池线束护板	
	拆卸护板时，放好护板螺钉

续表

步骤	说明
7. 断开动力电池低压控制线束	断开线束前，检查低压线和插头绝缘状态
8. 断开动力电池高压控制线束	断开线束前，检查高压线和插头绝缘状态
9. 对动力电池进行验电	使用万用表进行验电，验电结果为 370 V
10. 对高压负载端进行放电	使用专用放电工装对高压负载端进行放电

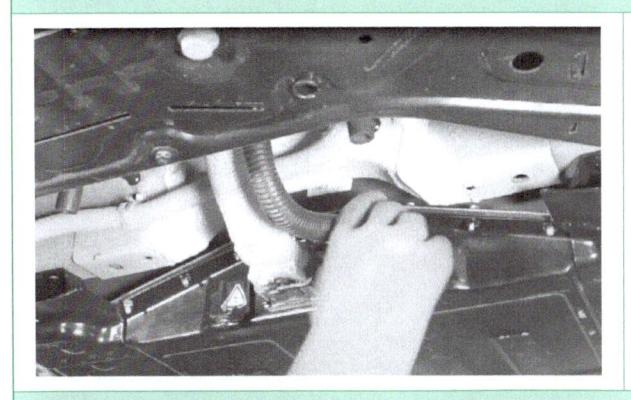

续表

11. 将动力电池举升机举升至合适高度	动力电池举升机一定要调整到合适的位置，防止电池包直接落地
12. 拆卸动力电池包	拆卸过程中，注意对角拆卸，并及时调整动力电池举升机
13. 使用动力电池举升机安全取出动力电池	随时观察动力电池包的状态，防止坠地
14. 安装新的动力电池包	将新的电池包用动力电池举升机运送到合适的位置，以便于安装，动力电池包螺栓安装后用扭力扳手拧紧至规定力矩

续表

步骤	说明
15. 降下动力电池举升机并推出工位	等所有的动力电池包安装螺栓全部拧紧后再降下动力电池举升机，并直接移走
16. 安装高低压线束	高低压线束一定要安装到位
17. 安装动力电池护板	安装护板前，要将各线束位置固定好，护板螺钉都要安装到位
18. 降下举升机	降举升机时，首先要打开举升机电源解锁，在下降前确保车下无人、无物，随时观察车辆下降状态

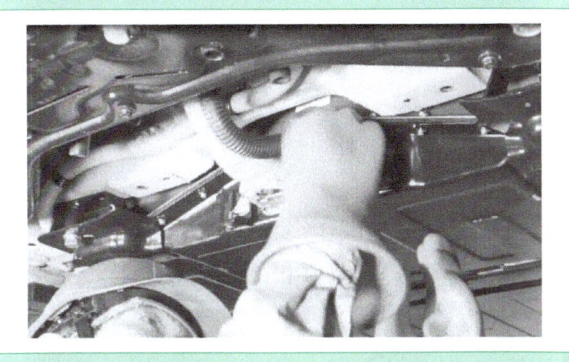

续表

步骤	说明
19. 移除警示标志并安装蓄电池负极	安装蓄电池负极线缆，确保螺栓按规定力矩拧紧
20. 试车检查	用专用故障诊断仪读取故障码和数据流，确保车辆动力电池无任何故障
21. 恢复工位，进行5S操作	收拾车辆三件套，回位工具和设备，盖好引擎盖，撤走隔离带，交车后清洁工位

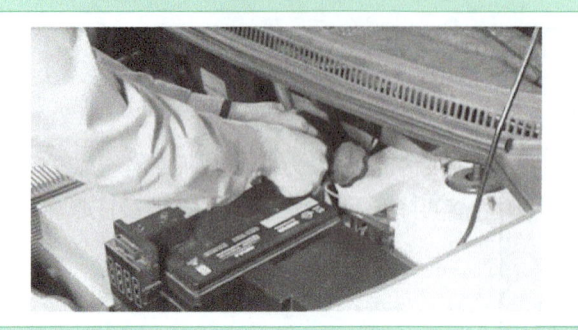

任务评价

学习任务评价表

班级：　　　　　　小组：　　　　　　学号：　　　　　　姓名：

项目内容	主要测评项目	学生自评			
		A	B	C	D
关键能力总结	1. 遵守纪律，遵守学习场所管理规定，服从安排。 2. 具有安全意识、责任意识和 5S 管理意识，注重节约、节能与环保。 3. 学习态度积极主动，能按时参加安排的实习活动。 4. 具有团队合作意识，注重沟通，能自主学习及相互协作。 5. 仪容仪表符合学习活动要求				
专业知识与能力总结	1. 能正确说出动力电池包内部结构。 2. 能通过查阅相关资料，教师演示，小组协作顺利完成动力电池包从整车拆卸及拆解、安装到复位施工				
个人自评总结与建议					
小组评价					
教师评价		总评成绩			

教师签字：　　　　　　日期：

项目二

动力电池管理系统

任务一 动力电池能量管理系统拆装

> 知识目标

1. 了解动力电池管理系统内部组成部件。
2. 理解动力电池为何要进行平衡管理和热管理。
3. 掌握动力电池的安全管理与数据通信。

> 能力目标

1. 能够正确识别与拆装动力电池管理系统各部件。
2. 能够正确使用诊断仪读取和分析新能源汽车电池管理系统的基本数据。

任务引入

一辆 2017 年 1 月上牌的 2015 款北汽 EV200 轿车，行驶里程 673 km。在正常行驶过程中，突然报警，中控屏上显示"动力蓄电池故障"，如图 2-1-1 所示，同时动力系统失效。经过技术主管检测，确定动力电池内部 BMS 故障，需要更换 BMS 系统。

针对该故障现象，该如何展开 BMS 的拆装流程？

图 2-1-1　中控屏显示"动力蓄电池故障"

> 知识链接

2.1.1 动力电池系统的构成和基本功能

1. 动力电池系统的构成

动力电池系统是指驱动电动汽车以及混合动力汽车等新能源汽车的电池、电池管理系统及附属装置等,其主要构成要素包括动力电池组(电池模块)、电池管理系统(BMS)、电池冷却系统、动力电池组箱体。

图 2-1-2 所示为纯电动汽车结构图,图中与电池系统相关的组件主要为动力电池组、管理电池信息的电池管理单元以及车辆集成控制器(VCU)。

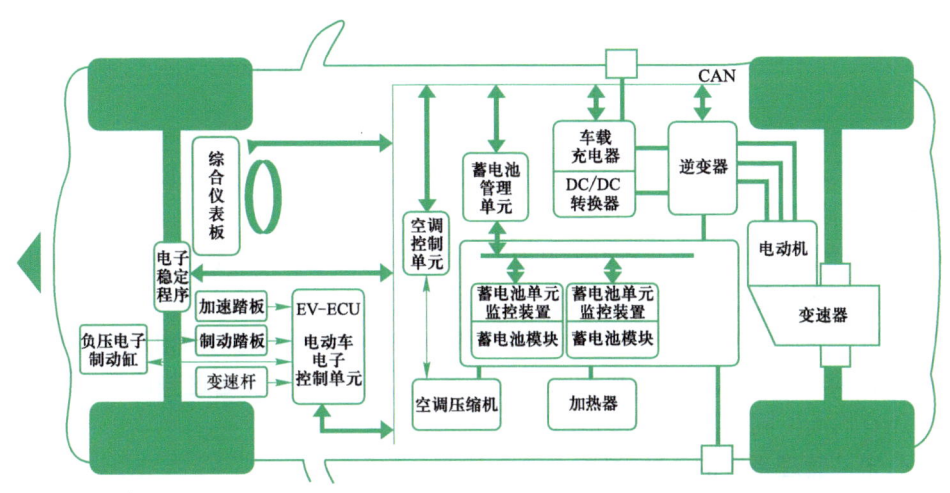

图 2-1-2 纯电动汽车结构示意图

2. 动力电池系统的基本功能

动力电池系统的基本功能可以分为检测、管理、保护三大块。具体来看,包括数据采集、状态监测、均衡控制、热管理、安全保护等功能。

图 2-1-3 所示为纯电动汽车动力电池系统内部结构。电池组中包含了部分电源系统,含有使用高性能锂离子电池的电池组,保持电池在适当温度的冷却管路、防水结构的电池盘等。

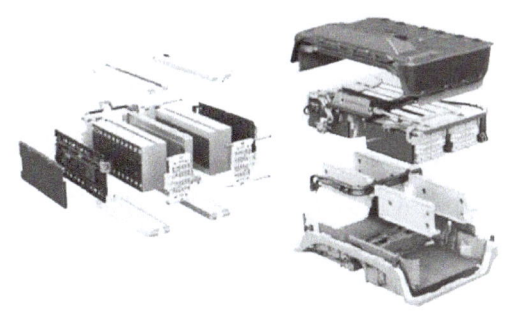

图 2-1-3 电动汽车动力电池系统内部结构

3. 动力电池组的构成和功能

一般为了实现电动机驱动的高效率化，会将电动汽车的工作电压设定为 100～500 V。因此，动力电池组主要利用单体电池串联结构，如图 2-1-4 所示，动力电池组一般由若干单体电池连接而成的电池模块组成。

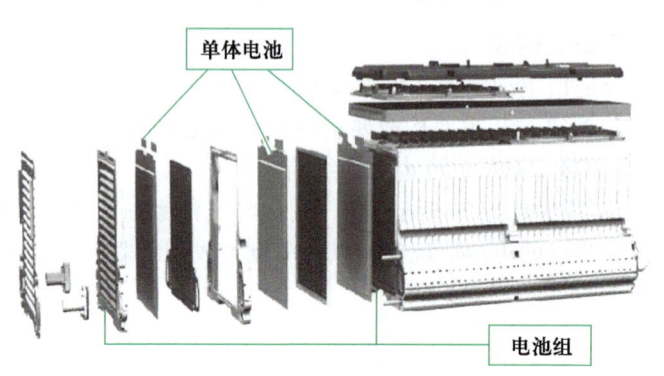

图 2-1-4 电池组（电池模块）

电池模块的主要构成零件有单体电池、电压测量部分、电池温度测量部分、单体电池间的接线材料和绝缘材料。

另外，电池模块所要求的功能包括保持电池固定、配线部绝缘、检测电池电压和温度，电池散热（冷却）结构。

当电池模块中加入了隶属电池管理系统的印制电路板，这时对电池模块相应增加模数转换电池电压和温度数据的功能、向电池管控单元发送这些信息的通信功能，还有均衡不同电池单体电压的功能。

4. 电池管理系统的基本功能

动力电池管理系统（BMS）是电池保护和管理的核心部件，它的作用是保证电池安全可靠的使用，控制动力电池组的充放电，并向 VCU 上报动力电池系统的基本参数及故障信息。动力电池管理系统是集监测、控制与管理为一体的、复杂的电气测控系统，也是电动汽车商品化、实用化的关键。

动力电池管理系统与电动汽车的动力电池紧密结合在一起，对动力电池的电压、电流、温度进行时刻检测，同时还进行漏电检测、热管理、电池均衡管理、报警提醒，计算剩余容量、放电功率，报告 SOC、SOH（性能状态，也称健康状态），还根据动力电池的电压、电流及温度用算法控制最大输出功率以获得最大行驶里程，以及用算法控制充电机进行最佳电流的充电，通过 CAN 总线接口与车载控制器、电动机控制器、能量控制系统、车载显示系统等进行实时通信。

如图 2-1-5 所示，常见动力电池管理系统的功能主要包括数据采集、数据显示、状态估计、热管理、数据通信、安全管理、能量管理（包括动力电池电量均衡功能）和故障诊断，其中前 6 项为动力电池管理系统的基本功能。

数据采集是动力电池管理系统所有功能的基础，需要采集的数据信息有电池组总电压和电流，电池模块电压和温度。电池状态估计包括 SOC 估计和 SOH 估计，SOC 提供电池剩余电量的信息，SOH 提供电池健康状态的信息，目前的动力电池

图 2-1-5 电池管理系统功能框图

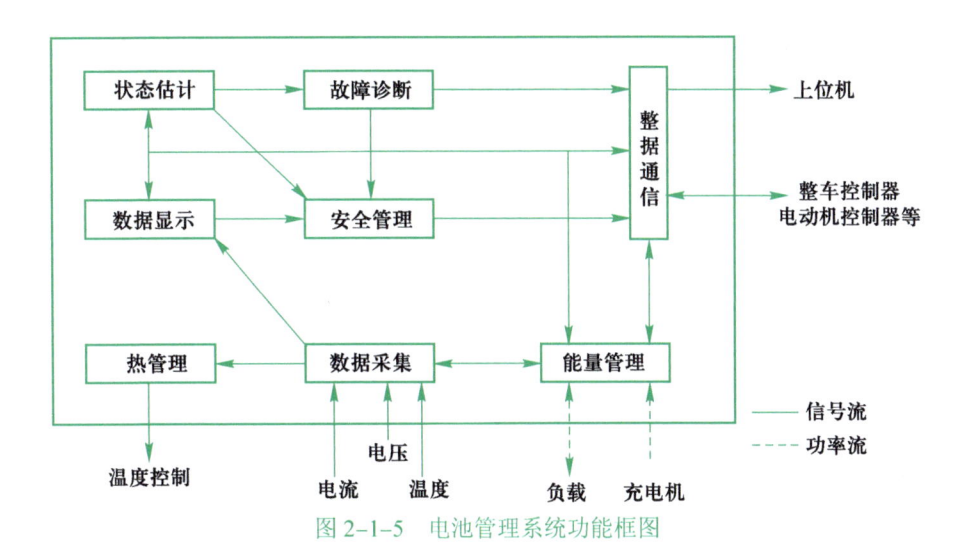

管理系统都实现了 SOC 估计功能，SOH 估计技术尚不成熟。热管理是指 BMS 根据热管理控制策略进行工作，以使电池组处于最优工作温度范围。数据通信是指电池管理系统与整车控制器、电动机控制器等车载设备及上位机等非车载设备进行数据交换的功能。安全管理是指电池管理系统在电池组的电压、电流、温度、SOC 等出现不安全状态时给予及时报警并进行断路等紧急处理。能量管理是指对电池组充放电过程的控制，其中包括对电池组内单体或模块进行电量均衡；故障诊断是指使用相关技术及时发现电池组内出现故障的单体或模块。

BMS 最基本的功能是监控与动力电池自身安全运行相关的状态参数（如动力电池的电压、电流和温度），预测动力系统优化控制有关的运行状态参数（SOC、SOH）和相应的剩余行驶里程、进行与工作环境适应性有关的热管理等，进行动力电池管理以避免出现过放电、过充电、过热和单体电池之间电压严重不平衡现象，最大限度地利用动力电池存储能力和循环寿命。BMS 的主要任务及相应的传感器输入和输出控制见表 2-1-1。

表 2-1-1 BMS 的主要任务及相应的传感器输入和输出控制

任务	传感器输入信号	执行器件
防止过充	动力电池电压、电流和温度	充电器
避免深放	动力电池电压、电流和温度	电动机控制器
温度控制	动力电池温度	热管理系统
动力电池组件电压和温度的均衡	动力电池电压和温度	均衡装置
预测动力电池的 SOC 和剩余行驶里程	动力电池电压、电流和温度	显示装置
动力电池诊断	动力电池电压、电流和温度	非在线分析装置

通常在车辆运行过程中，能够通过传感器直接测量得到的参数仅有动力电池端电压 U、动力电池工作电流 I、动力电池的温度 T，而车辆动力系统控制需要用到

的物理量包括电池当前的 SOC、电池当前的 SOH、最大可充放电功率等，动力电池管理系统内部各物理量之间的关系如图 2-1-6 所示。在车载动力电池管理系统中，热管理技术、准确的荷电状态（SOC）和性能状态（SOH）在线实时估计技术具有较大的难度，是其核心技术。

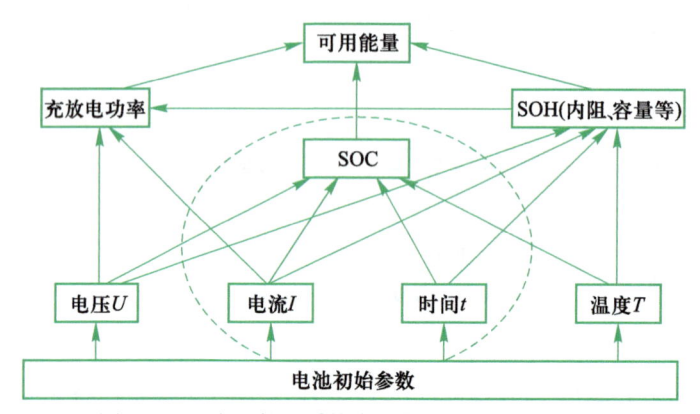

图 2-1-6　电池管理系统内部各物理量之间的关系

电池管理的核心问题就是 SOC 的预估问题，电动汽车电池 SOC 的合理范围是 30%～70%，这对保证电池寿命和整体的能量效率至关重要。电动汽车在运行时，电池的放电和充电均为脉冲工作模式，大的电流脉冲很可能会造成电池过充电（超过 80%SOC）、深放电（小于 20%SOC）甚至过放电（接近 0%SOC），因此电动汽车的控制系统一定要对电池的荷电状态敏感，并能够及时做出准确的调整，这样电池管理系统才能根据电池容量决定电池的充放电电流，从而实施控制，根据各只电池容量的不同识别电池组中各电池间的性能差异，并以此做出均衡充电控制和电池是否损坏的判断，确保电池组的整体性能良好，延长电池组的寿命。

电池管理系统的具体功能：① 保护电池；② 估算剩余电量；③ 计算电池寿命；④ 故障诊断。其最为重要的功能是监测电池电压与温度，以及判断电池自身故障，以保护电池。因此，事先在电池管理系统核心的电池管理单元中添加了与所使用的电池化学系统相匹配的各类控制信息。

电池保护功能的主要项目和概要如下。

（1）防止过充电功能。过充电是指超过各单体电池具有的上限充电电压充电。过充电不仅会引起电池性能下降，有时甚至会引起发热或冒烟等。因此，需要监视各单体电池电压，控制充电电流和再生电流不超越上限电压，杜绝过充电。

（2）防止过放电功能。过放电是指低于单体电池内部使用的化学物质具有的固有下限电压放电。出现过放电时，电池内部会发生异于常态的化学反应，导致内部物质不可逆变化，之后电池就无法再继续使用。因此，必须避免行驶时各单体电池电压低于下限电压，需要实施抑制输出电流的控制。此外，电池在剩余容量少的状态下长期放置时，会自放电，也可能导致过放电，所以点火开关在关闭状态，不在电池管理系统控制之下时，充分确保单体电池自身安全至关重要。

（3）电压均衡功能。如前所述，把若干单体电池串联连接使用的电动汽车十分常见。这种情况下，各单体电池的电压不均衡时，电压最低的单体电池会影响整体性能，电池组无法获得应有性能。为改进这种情况，通常多数会在模块管理单元和电池管理单元中设置电压均衡电路，主要使用以下方式。

1）消耗电阻方式。相对于各单体电池，借助开关功能，并联电阻，使电压高的单体电池电流流过这个电阻，产生消耗，从而与电压最低的单体电池匹配。虽然此方式能做到电路结构紧凑和控制简单，但是，电能消耗会使充电效率下降（图2-1-7）。

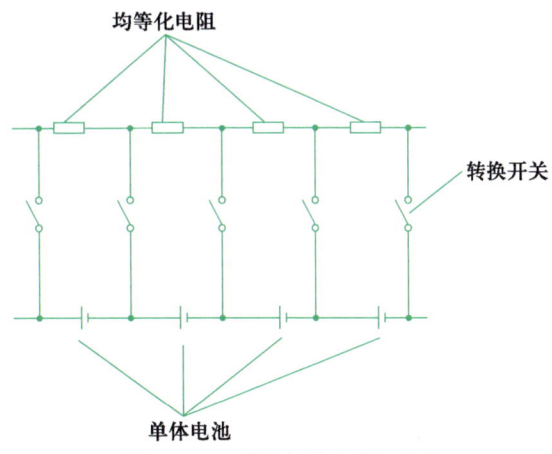

图 2-1-7 消耗电阻方式电路图

2）转移电能型变压器方式。此方式是指并联连接到整个电池组的线圈为1次侧送电电压，并联连接到各单体电池的线圈为2次侧送电电压的变压器电路，把电压高的电池电能转移到1次侧送电变压器电路，之后2次侧送电变压器电路重新把电能转移到电压低的电池，使各单体电池电压均衡（图2-1-8）。此方式不仅释放了电压高的电池电能，还能够将电能转移给电压低的单体电池，实现高效率化，但是另一方面，也造成电路尺寸的大型化和控制复杂等不利因素。

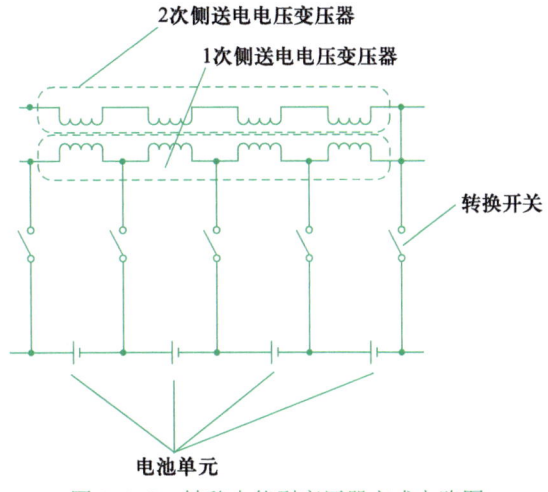

图 2-1-8 转移电能型变压器方式电路图

3）转移电能型电容器方式。此方式是指电容器相对于各单体电池并联连接，通过切换电路可以使电容器与相邻电池连接，电能从电压高的电池转移至电压低的电池，实现均衡（图2-1-9）。此方式与转移电能型变压器方式一样，可有效利用电能，但也存在转移电池范围受限的缺点。

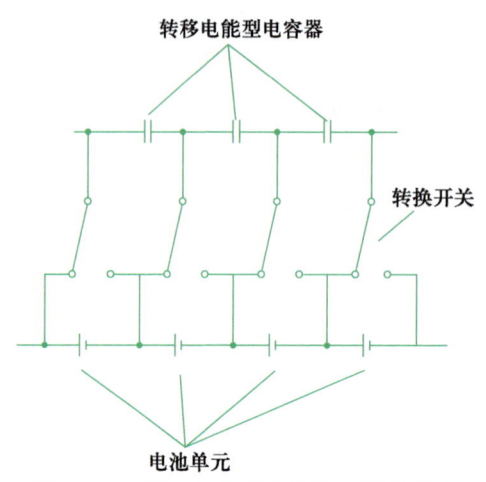

图 2-1-9　转移电能型电容器方式电路图

此外，单体电池本身发生故障，产生电压差时，需要立刻进行处理，确保安全，所以监控和判断各单体电池电压差也成为重要功能。

（4）防止过热功能。该功能是指防止各单体电池超过推荐使用的温度范围上限值的功能。用最大输出功率连续行驶和快速充电时，单体电池因自身内部电阻而发热。如果超过上限温度，不仅会使电池容量和输出性能下降，还会发生电池鼓胀等问题。模块管理单元监测各单体电池或是电池模块的温度，此外，为避免超过上限温度。在抑制输出电流和充电电流的同时，需要借助电池冷却系统强制降低温度。

2.1.2　动力电池冷却系统

1. 动力电池冷却系统的作用

动力电池冷却系统是保证汽车动力驱动系统性能的重要部分，是动力驱动系统能够正常工作的重要基础。冷却系统的技术水平及工作状况直接影响汽车性能指标。冷却系统控制受到了汽车行驶工况、行驶环境等多个因素影响，是较为复杂的控制对象，除了冷却系统的本体外，其控制方法的优劣也直接影响冷却系统的性能。

新能源汽车（纯电动和混合动力汽车）的动力电池、电机、电机控制器等部件在工作中会产生大量的热量，部件过热会严重影响其工作性能。另外，动力电池组最佳工作温度为 23～24℃，温度并非越低越好，在低温的环境下需要对动力电池组进行加热，保持合适的工作温度，因此新能源汽车与传统汽车一样，也必须采用冷却系统。

2. 动力电池的生热机理与冷却系统的作用

（1）动力电池的生热机理

动力电池作为电动汽车的动力能源，其充电、做功的发热一直阻碍着电动汽车的发展。动力电池的性能与电池温度密切相关。40～50℃及以上的高温会明显加速电池的衰老，更高的温度（如120～150℃及以上）则会引发电池热失控。

以下以镍氢电池为例，介绍电池发热的原因。

镍氢电池电化学反应原理决定了镍氢电池在充、放电过程中的生热。生热因素主要有4项：电池化学反应生热、电池极化生热、过充电副反应生热以及内阻焦耳热。如果把电池内部所有的物质（如活性物质、正极和负极、隔板等）假定为一个具有相同特性的整体，电池内部的热传导性非常好，使电池内部单元等温。但由于电池壳体基本不产生热量，因而其温度与电池内部的温度非常接近。由表2-1-2可见，电池经过变电流充放工况后，电池的最高温度和最低温度与电池平均温度之差在4.2℃左右，电池的最高温度在35.5℃左右。

表 2-1-2 放电前后电池箱电池温度对照　　　　　　　　　（单位：℃）

工况	最高温度	最低温度	平均温度
放电前	30.2	29.2	29.7
放电后	35.5	32.3	33.9

（2）动力电池冷却系统的作用

动力电池组充、放电时会释放一定的热量，故需要对电池组进行冷却，在低温环境下，需要对电池组进行加热，以提高运行效率。动力电池组采用冷却系统的作用：通过对动力电池组冷却或加热，保持动力电池组较佳的工作温度，以改善其运行效率并提高电池组的寿命。图2-1-10所示是高压动力电池组的热管理系统组成示意图，热管理系统可以根据需要对电池组进行冷却或加热。

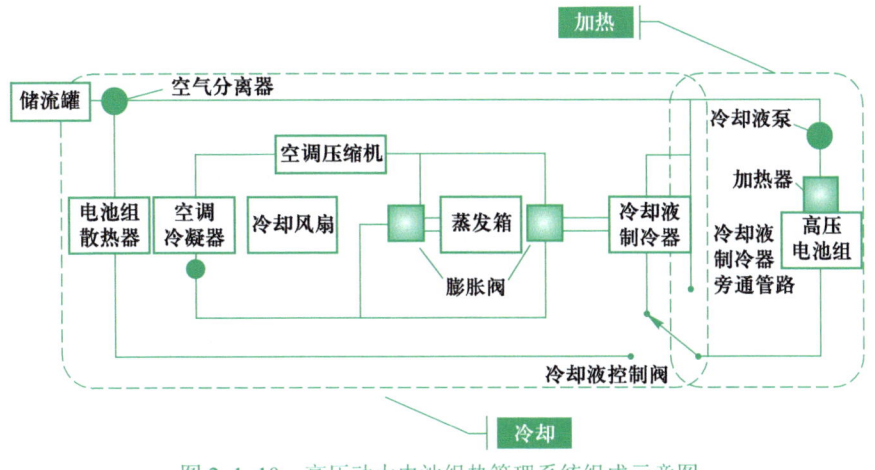

图 2-1-10　高压动力电池组热管理系统组成示意图

需要特别说明的是，目前国内常见的绝大多数新能源汽车的电机及控制器都采用冷却系统，但动力电池的冷却系统除了少数车型（如荣威汽车）以外，基本上都没有专门的冷却系统，这是因为：一方面由于冷却系统增加了电池组的体积，还会消耗电池的一部分能量；另一方面是国内车型对动力电池的材料进行了改进，以及利用控制程序进行修正，对电池工作环境要求不高。当然，这会以损耗电池寿命为代价。

电池组的热管理系统工作原理如图 2-1-11 所示。

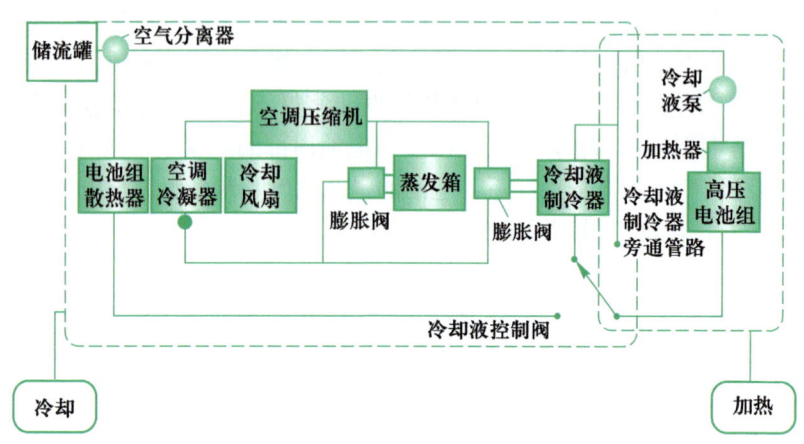

图 2-1-11 电池组的热管理系统工作原理

3. 动力电池的冷却形式

目前应用在动力电池上的冷却方式有水冷和风冷两种。

（1）水冷动力电池冷却系统

水冷动力电池冷却系统结构如图 2-1-12 所示，主要部件包括散热器、膨胀壶、电子水泵、VCU（或 HPCM2，混动车型）、冷却液控制阀、加热器和冷却管路等。

优点：电池平均能量效率高，电池模块结构紧凑；冷却效果优异；能集成电池加热组件，解决了在环境温度很低的情况下，加热电池的问题。

缺点：系统复杂，多了很多部件，如水泵、阀、低温水箱，成本增加。

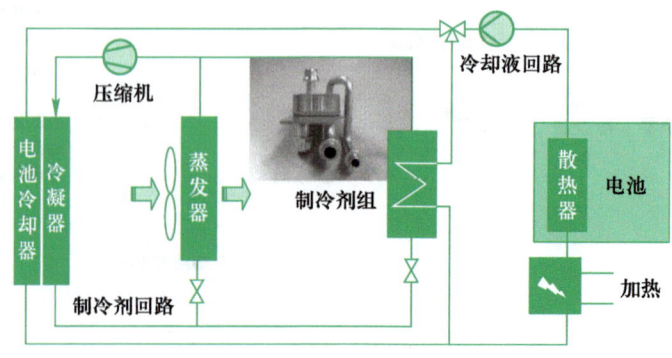

图 2-1-12 水冷式动力电池冷却系统

（2）风冷动力电池冷却系统

风冷动力电池冷却系统结构如图 2-1-13 所示。

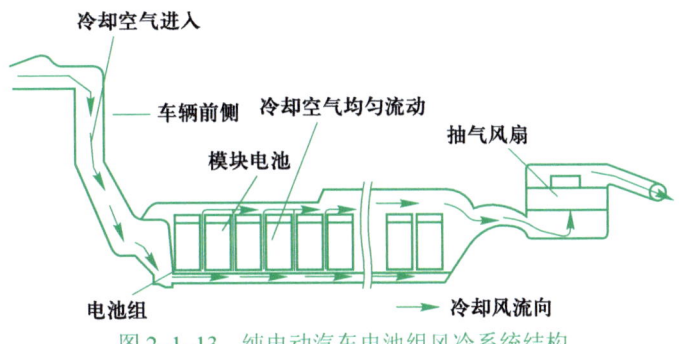

图 2-1-13　纯电动汽车电池组风冷系统结构

冷却空气在动力电池模块中的流动有串行、并行等几种通风方式，如图 2-1-14 所示。

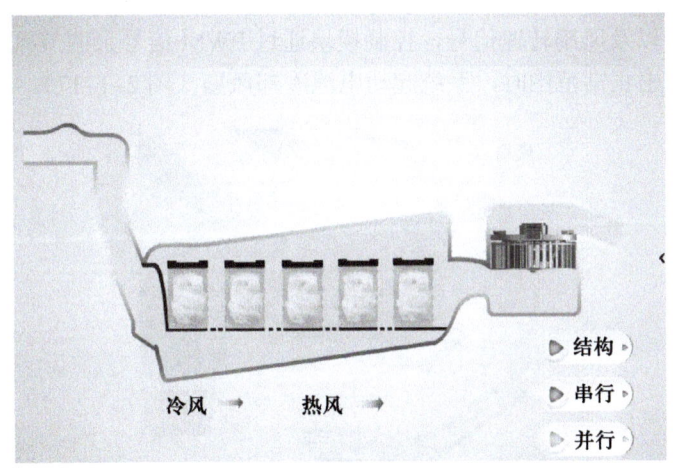

图 2-1-14　风冷动力蓄电池冷却系统的两种通风方式

1）串行通风结构。风冷电池模块采用如图 2-1-15 所示的串行通风结构。

在该散热模式下，冷空气从左侧吹入，从右侧吹出。空气在流动过程中不断地被加热，所以右侧的冷却效果比左侧要差，电池箱内电池组温度从左到右依次升高。目前该技术应用在第一代丰田 Prius 等车型。

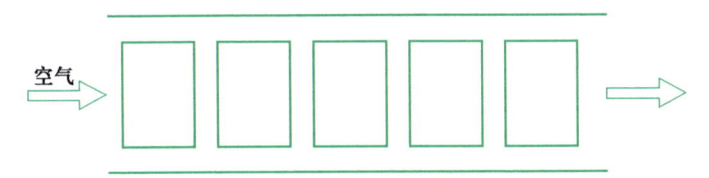

图 2-1-15　电池模块串行通风结构示意图

2）并行通风结构。并行通风结构如图 2-1-16 所示。

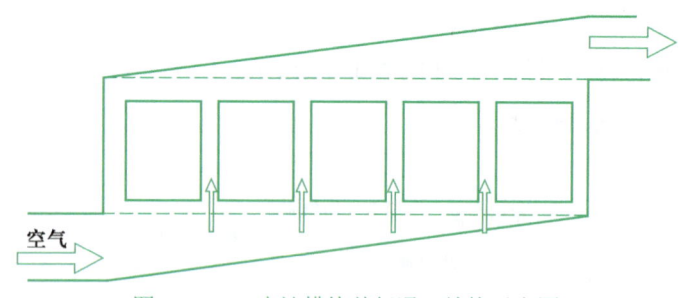

图 2-1-16　电池模块并行通风结构示意图

并行通风方式可以使得空气流量在电池模块间更均匀地分布。需要对进、排气通道和电池布置位置进行很好的设计。其楔形进、排气通道使得不同模块间缝隙上下的压力差基本保持一致，确保吹过不同电池模块的空气流量的一致性，从而保证了电池组温度场分布的一致性。

3）冷却风扇控制。双模式混合动力电池装备有一个冷却风扇和电池冷却通风导管，电池控制模块使用4个传感器探测电池温度，还有2个传感器探测空气温度，根据温度信号以及风扇转速信号，控制模块通过PWM信号来调节风扇转速。电池组工作温度超出正常范围时，系统起动电池冷却风扇（图 2-1-17）。

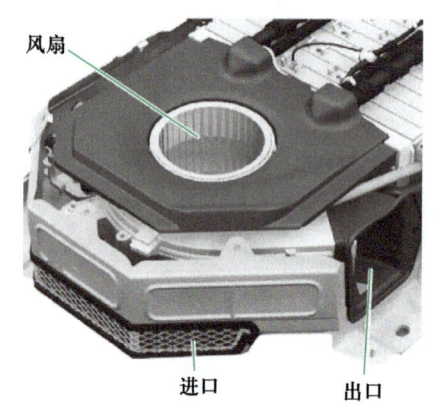

图 2-1-17　动力电池冷却风扇

4. 典型车型动力电池冷却系统的结构原理

以下分别以荣威 E50 纯电动汽车和普锐斯混合动力汽车为例，介绍新能源汽车冷却系统的结构原理。

（1）荣威 E50 动力电池冷却系统的结构原理

荣威 E50 冷却系统分为2个独立的系统，分别是电源逆变器（PEB）/驱动电机冷却系统、动力电池冷却系统（ESS）。

冷却系统利用热传导的原理，通过冷却液在各个独立的冷却系统回路中循环，使驱动电机、PEB 和动力电池保持在最佳的工作温度。冷却液是 50% 的水和 50% 的有机酸技术（OAT）的混合物。冷却液要定期更换才能保持其最佳效率和耐腐蚀性。

注意：冷却液会损坏油漆表面。如果冷却液溢出，要迅速擦掉冷却液并用清水冲洗。

以下介绍动力电池冷却系统，电源逆变器（PEB）/驱动电机冷却系统在驱动电机中介绍。

1）动力电池冷却系统结构组成。动力电池冷却系统（ESS）组件如图2-1-18所示。

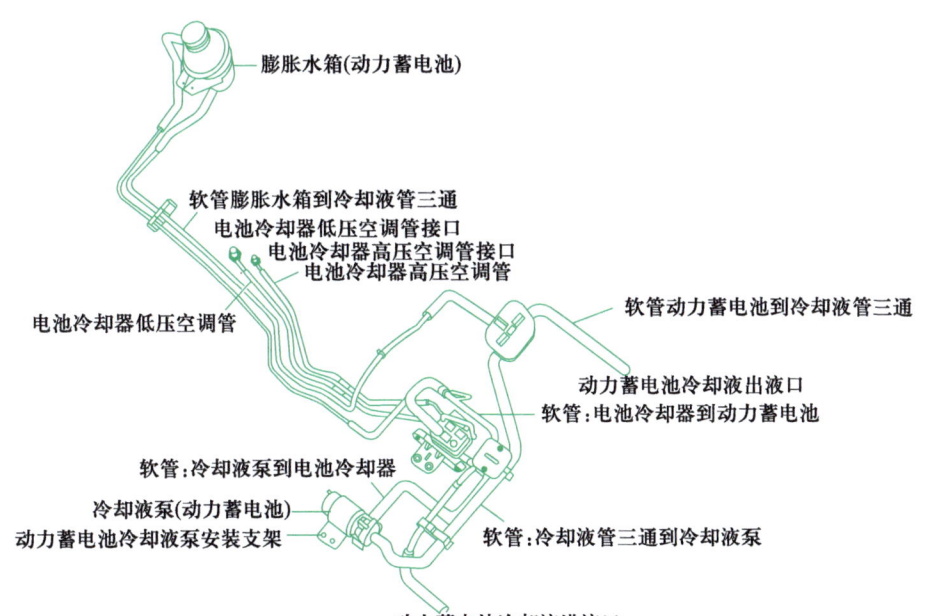

图2-1-18 荣威E50动力电池冷却系统组件

冷却液泵：动力电池冷却液泵通过安装支架，并由2个螺栓固定在车身底盘上，经由其运转来循环动力电池冷却系统。

提示：整个冷却系统有2个电子冷却液泵，分别是PEB/驱动电机冷却液泵和动力电池冷却液泵。

冷却液软管：橡胶冷却液软管在各组件间传送冷却液，弹簧卡箍将软管固定到各组件上。动力电池冷却系统（ESS）软管布置在前舱内和后地板总成下。

膨胀水箱：动力电池冷却系统（ESS）配有卸压阀的注塑冷却液膨胀水箱。膨胀水箱安装在PEB托盘上，溢流管连接到电池冷却器出液管上，出液管连接到冷却水管三通上。膨胀水箱外部带有"MAX"和"MIN"刻度标志，便于用户观察冷却液液位。

散热器和冷却风扇：散热器都是一个两端带有注塑水箱的铝制横流式散热器。散热器的下部位于紧固在前纵梁的支架所支承的橡胶衬套内。散热器的顶部位于水箱上横梁支架所支承的橡胶衬套内，支承了冷却风扇总成和空调（A/C）冷凝器。空调（A/C）冷凝器安装在散热器后部，由4个螺栓固定至冷却风扇罩上。冷却风扇和驱动电机总成及风扇低速电阻安装在空调（A/C）冷凝器后部的风扇罩上。"吸入"式风扇抽取空气通过散热器。

冷却液温度传感器：冷却液温度传感器安装在散热器右侧前部，内含一个封装的负温度系数（NTC）热敏电阻，该电阻与 PEB/ 驱动电机冷却系统冷却液相接触，是分压器电路的一部分。该电路由额定的 5 V 电源、一个 PEB 控制模块内部电阻和一个温度相关的可变电阻（传感器）组成。

电池冷却器：电池冷却器是动力电池冷却系统的一个关键部件，它负责将动力电池维持在一个适当的工作温度，使动力电池的放电性能处于最佳状态。电池冷却器主要由热交换器、带电磁阀的膨胀阀（TXV）、管路接口和支架组成。热交换器主要用于动力电池冷却液和制冷系统制冷剂的热交换，将动力电池冷却液中的热量转移到制冷剂中。

2）动力电池冷却系统控制。动力电池冷却系统控制框图如图 2-1-19 所示。

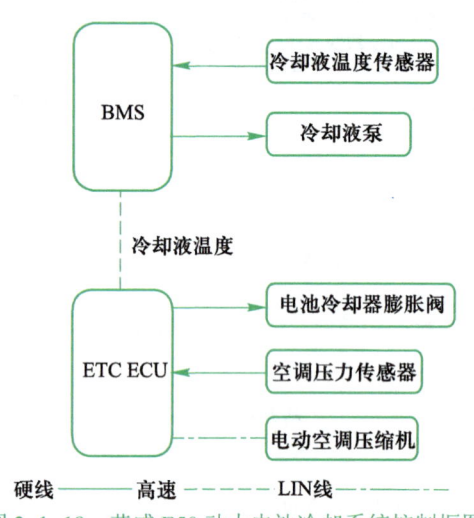

图 2-1-19　荣威 E50 动力电池冷却系统控制框图

电动冷却液泵控制：动力电池冷却系统（ESS）的电池能量管理模块（BMS）负责控制电动冷却液泵，电动冷却液泵会在动力电池温度上升到 32.5℃时开启，在温度低于 27.5℃时关闭，BMS 发出要求电池冷却器膨胀阀关闭和冷却液泵运转的信号。

电池冷却器—膨胀阀控制 / 冷却液温度控制：空调控制模块（ETC）收到来自 BMS 的膨胀阀电磁阀开启的信号要求，ETC 首先打开电池冷却器膨胀阀的电磁阀，并给 ETC 发送启动信号，动力电池最适宜温度值为 20 ～ 30℃。

正常工作时，当动力电池的冷却液温度在 30℃以上时，ETC 会限制乘客舱制冷量。冷却液温度在 48℃以上，ETC 会关闭乘客舱制冷功能，但除霜模式除外。

ETC 只控制冷却液温度。BMS 控制冷却液与 BMS 动力电池内部的热量交换。

快速充电冷却必要条件：当车辆进入快速充电模式时，ETC 会被网关模块唤醒，此时动力电池冷却系统进入正常工作状态。

3）动力电池冷却液循环路线图。动力电池冷却液流循环路线如图 2-1-20 所示。

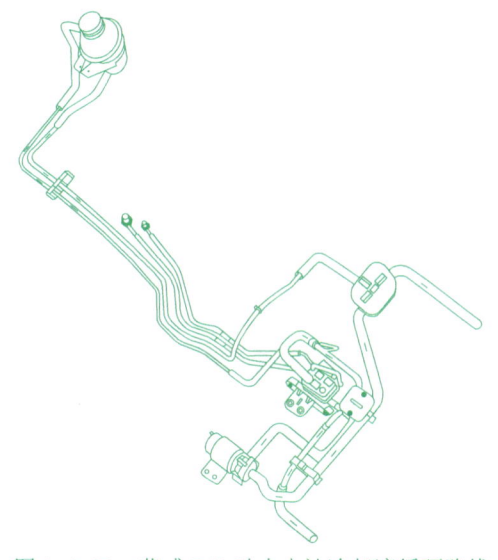

图 2-1-20 荣威 E50 动力电池冷却液循环路线

（2）普锐斯动力电池的冷却系统

普锐斯动力电池总成（图 2-1-21）采用的是风冷冷却系统，因此位于行李舱内还布置有电池的冷却管路。

图 2-1-21 普锐斯风冷电池组

图 2-1-22 所示是普锐斯Ⅱ镍氢电池组和乘员舱空气冷却系统结构示意图。

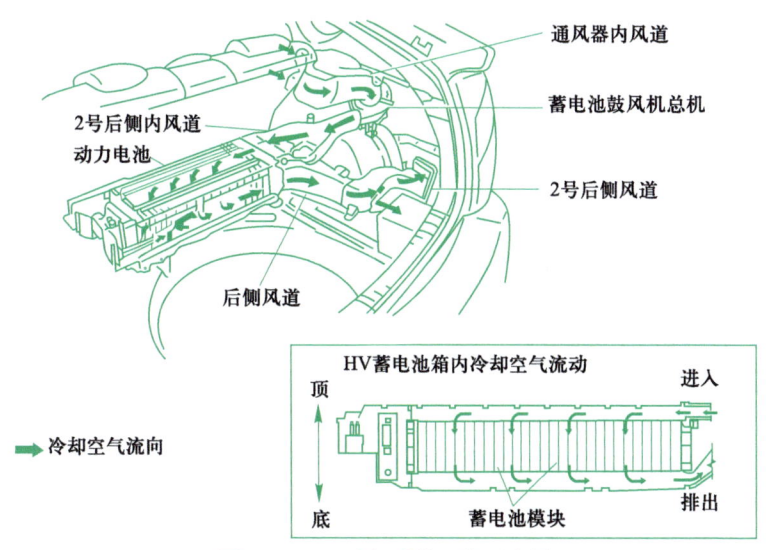

图 2-1-22 冷却系统工作示意图

蓄电池（动力电池）在温度较高的时候，利用乘客舱内空调产生的冷空气对电池组进行冷却；当环境温度较低时，也会利用在低温情况下乘客舱内温暖的空气对电池组进行保温。

冷却空气通过后排座椅右侧的进气管流入，并通过进气风道进入行李舱右表面的蓄电池鼓风机总成，而且冷却空气流过进气风道（将动力电池鼓风机总成与蓄电池总成的右上表面相连接）并流向动力电池总成。

冷却空气在蓄电池模块间从高处向低处流动。在对模块进行制冷后，它从动力电池总成的底部右侧表面排出。

制冷后的空气通过行李舱右侧排气通道排出，并排放到车辆外部。

电池管理模块使用蓄电池温度传感器来检测动力电池总成的温度。根据该检测的结果，电池管理模块控制蓄电池鼓风机总成，当动力电池温度上升到预定温度时，蓄电池鼓风机总成将起动。

5. 散热器在电动汽车上的设计及改进

（1）逆变器模块

电动汽车用逆变器如图 2-1-23 所示。它一共用了 4 个 IGBT（绝缘栅双极型晶体管），其中 3 个型号为 FF1200R17KE3-B2 的 IGBT，主要功能是逆变（该模块以下简称逆变模块）；另一个型号为 FF300R17KE3 的 IGBT，主要功能是斩波或制动（该模块以下简称斩波模块）。该逆变器的散热方式为强迫风冷，风机安装在散热器的底部，进风方式为抽风。3 个逆变模块为主要工作模块。

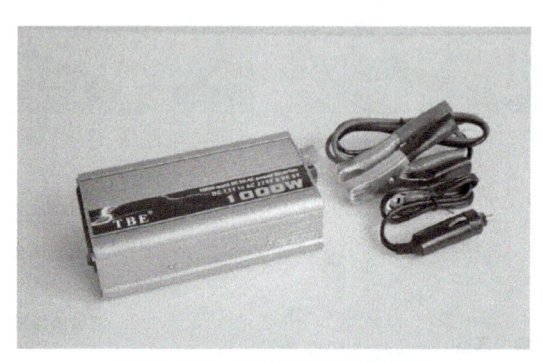

图 2-1-23　新能源汽车逆变器

通过查找 IGBT 的参数，并经过计算得出：在峰值功率下各逆变模块的发热量为 1 016 W，由于斩波模块的工况比较复杂，估算其发热量为 200 W，则总功耗为 3 248 W；在额定功率下各逆变模块的发热量为 574 W，斩波模块的发热量为 100 W，则总功耗为 1 822 W。

（2）散热器热传递的分析

IGBT 产生的热量通过热传导的方式由管壳传到散热器，然后通过强迫风冷的方式传到外界环境中去（散热器安装在逆变器的外部）。为减少管壳与散热器之间的热阻，首先要求散热器安装表面的表面粗糙度 R_a 值达 1.6 μm 以下，其次在管壳的底部均匀涂满导热硅胶或者加垫一层导热系数大而硬度低的纯铜箔或银箔，并用一定的预紧力压紧。

(3) 散热器的仿真分析

计算流体动力学（CFD）是通过计算机数值计算和图像显示，对含有流体流动和传热等相关物理现象进行的系统分析（图2-1-24）。CFD的基本思想是把原来在时间域和空间域上连续的物理量的场，如速度场、温度场、压力场等，用有限个离散点上的一系列变量值的集合来代替，按照一定的原则和方式建立起关于这些离散点上场变量之间关系的代数方程组，然后求解代数方程组，获得场变量近似值。

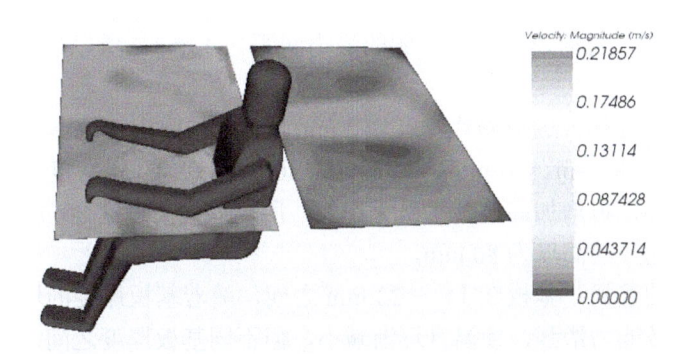

图2-1-24 暖风空调CFD图像分析图

近年来，随着计算机技术的发展，科研开发周期的缩短，人们广泛应用CFD技术建立各种工业环境流体力学的模型和仿真环境，得出结论，并在原来的基础上进行优化运算，以得出满足要求的最佳方案。ICEPAK软件是专业的电子热分析软件（图2-1-25）。借助ICEPAK软件的分析和优化结果，用户可以降低设计成本，提高产品的一次成功率，改善电子产品的性能，提高产品的可靠性，缩短产品的上市时间。以下均是用ICEPAK软件进行仿真分析的结果。

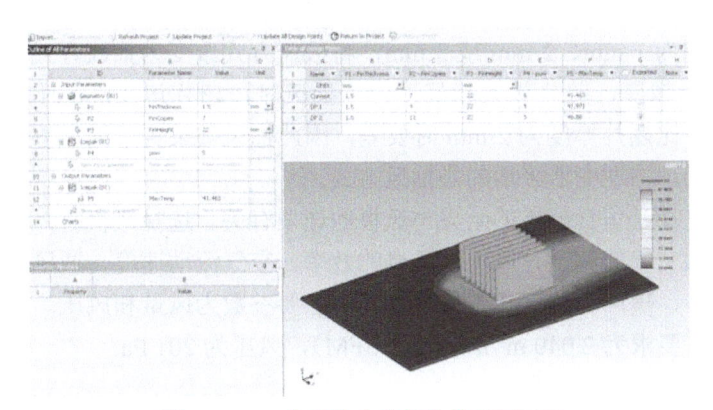

图2-1-25 专业热力分析软件ICEPAK

散热器基板的尺寸为680 mm×430 mm×20 mm，翅片的尺寸为390 mm×80 mm×2 mm，翅片的截面为长方形，翅片间距为4 mm，逆变模块间的间距为30 mm，逆变模块与斩波模块间的间距为20 mm，环境温度为20℃，未加说明的冷却风机均采用鼓风方式。以上述散热器的尺寸为原形,在额定工况下(除特别说明外),选择不同的参数对其进行了仿真分析。

翅片厚度的选择:翅片间距为 4 mm,翅片高度为 80 mm,翅片厚度为 1 mm、1.5 mm、2 mm、2.5 mm 或 3 mm(超过 3 mm 风阻太大),可知,随着散热器翅片厚度的增加,散热能力增强,但是翅片厚度超过 2 mm 后,散热的增幅明显变小,所以选用 2 mm 厚的翅片比较合适。

翅片间距的选择:选择翅片高度为 80 mm,翅片厚度为 2 mm,翅片间距为 3 mm、4 mm、5 mm、6 mm 或 7 mm,说明翅片间距越小,散热能力越强。由于受工艺条件的限制,目前翅片能加工到的最小间距 4 mm,所以选用 4 mm 的翅片间距是合理的。

翅片高度的选择:选择翅片厚度为 2 mm,翅片间距为 4 mm,改变翅片高度,分别为 90 mm、80 mm、70 mm、60 mm 或 50 mm,当翅片高度达到 80 mm 后,温升的幅度很小,再增加高度几乎是无用的,所以翅片高度达 80 mm 为极限高度。此逆变器选择翅片的高度为 80 mm。

基板厚度的选择:基板在 14～22 mm 之间,随着基板厚度的增加,垂直于基板方向的热扩散能力增强,使温升逐渐减小,但不同基板厚度之间的温升幅度变化较小,因此选择基板的厚度时,主要是考虑基板的强度。

模块间间距的选择:4 个模块间的间距分别选择为 30 mm、40 mm、40 mm;20 mm、30 mm、30 mm;10 mm、20 mm、20 mm;5 mm、10 mm、10 mm。对它们进行分析,其前后两者之间的最高温差分别为 1.43 K、1.45 K、2.1 K,由此可见,选用间距太宽,对模块的散热没有多少作用,因此选用间距为 10 mm、20 mm、20 mm 比较合理,考虑到该逆变器结构布置,选用模块间的间距为 20 mm、30 mm、30 mm 比较合适。

对抽风与鼓风的情况进行比较。选择翅片间距为 4 mm,翅片高度为 80 mm,翅片厚度分别为 1 mm、2 mm 或 3 mm,将鼓风方式改变为抽风方式。可知,风机鼓风时,翅片越厚,散热效果越好,但为抽风时,翅片达 3 mm 时,风阻明显增大,导致温升比翅片厚度为 2 mm 时要差,因此抽风效果劣于鼓风方式,但由于车上受空间限制,该逆变器采用的是抽风方式。

风机的选择:仿真分析的结果与风机的选型有关。选择风机时,需要考虑的因素很多,诸如空气的流量、风压、风机的效率、空气流动速度、通风系统的阻力特征、环境条件、噪声、体积和质量等,其中主要参数为风量和风压。经计算,该逆变器的总风量要求为 2 040 m³/h(1 200 CFM),风压为 201 Pa。

2.1.3 动力电池管理系统的工作模式

动力电池管理系统高压接触器结构如图 2-1-26 所示,控制原理如图 2-1-27 所示。

动力电池管理系统可工作于下电模式、准备模式、放电模式、充电模式和故障模式 5 种工作模式。

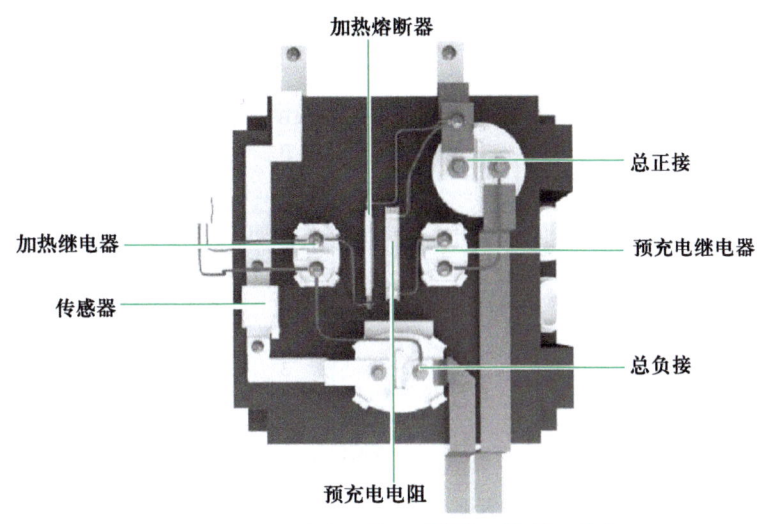

图 2-1-26　动力电池管理系统高压接触器结构

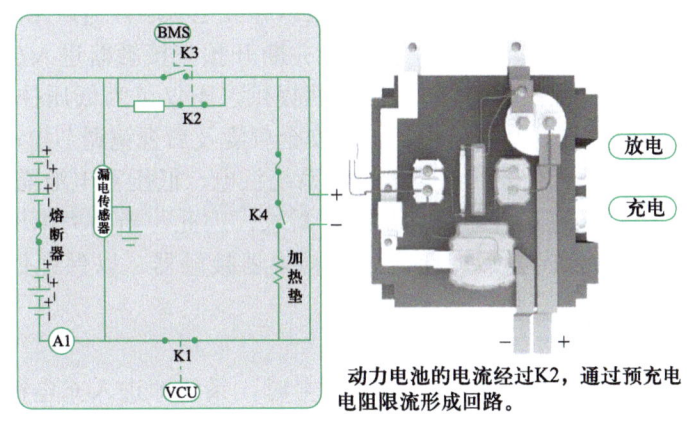

图 2-1-27　动力电池管理系统高压接触器控制原理

1. 下电模式

下电模式是整个系统的低压与高压处于不工作状态的模式。在下电模式下，动力电池管理系统控制的所有高压接触器均处于断开状态，如图 2-1-28 所示，低压控制电源处于不供电状态。下电模式属于省电模式。

2. 准备模式

在准备模式下，系统所有的接触器均处于未吸合状态。在该模式下，系统可接受外界的点火开关、整车控制器、电动机控制器、充电插头开关等部件发出的硬线信号或受 CAN 报文控制的低压信号来驱动控制各高压接触器，从而使动力电池管理系统进入所需工作模式。

3. 放电模式

动力电池管理系统监测到点火开关的高压上电信号（Key-ST 信号）后，系统首先闭合 B －接触器（图 2-1-28），由于电动机是感性负载，为防止过大的电流

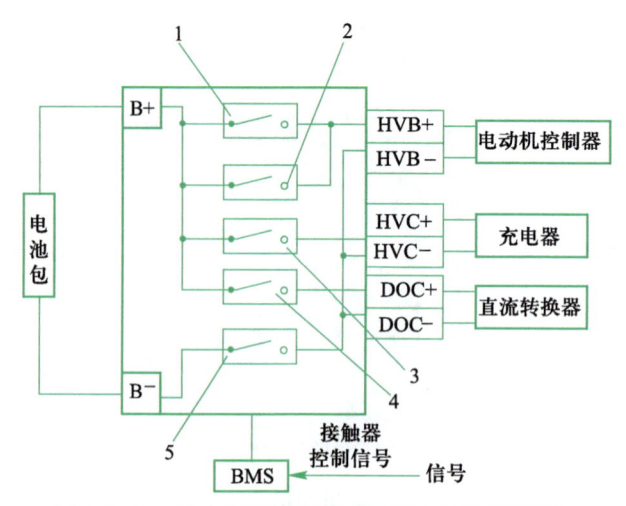

图 2-1-28　动力电池管理系统（BMS）高压接触器

1-B＋接触器；2-预充接触器；3-充电器接触器；4-直流转换器接触器；5-B－接触器

冲击，B-接触器闭合后即闭合预充接触器进入预充电状态；当预充两端电压达到母线电压的 90% 时，立即闭合 B+ 接触器并断开预充接触器进入放电模式。目前，汽车常用低压电源由 12 V 的铅酸电池提供，不仅可为低压控制系统供电，还需为助力转向电动机、刮水器电动机、安全气囊及后视镜调节电动机等提供电源。为保证低压蓄电池能持续为整车控制系统供电，低压蓄电池需有充电电源，而直流转换器接触器的开启即可满足这一需求，因此，当动力电池系统处于放电状态时，B+ 接触器闭合后即闭合直流转换器接触器，以保证低压电源持续供电。

4. 充电模式

动力电池管理系统检测到充电唤醒信号时，系统即进入充电模式。在该模式下，B-接触器与车载充电器接触器闭合，同时为保证低压控制电源持续供电，直流转换器接触器仍需处于工作状态。在充电模式下，系统不响应点火开关发出的任何指令，充电插头提供的充电唤醒信号可作为充电模式的判定依据。对于磷酸铁锂电池，由于其低温下不具备很好的充电特性，甚至还伴随有一定的危险性，因此基于安全考虑，还应在系统进入充电模式之前对系统进行一次温度判别。当电池温度低于 0℃ 时，系统进入充电预热模式，此时可通过接通直流转换器接触器对低压蓄电池进行供电，并为预热装置供电以对电池组进行预热；当电池组内的温度高于 0℃ 时，系统可进入充电模式，即闭合 B-接触器。

无论在充电状态还是在放电状态，电池的电压不均衡与温度不均衡将极大地妨碍动力电池性能的发挥。在充电状态下，极易出现电压、温度不均衡的状态，充电过程中可通过电压比较及控制电路使得电压较低的单体电池充电电流增大，而让电压较高的电池单体充电电流减小，进而实现电压均衡的目的。温度的不均匀性会大大降低动力电池组的使用寿命，因此，当电池单体温度传感器监测出各单体电池温度不均衡时，可选择强制风冷的方式，实现电池组内气流的循环流动，以达到温度均衡的目标。

5. 故障模式

故障模式是控制系统中常出现的一种状态。由于车用动力电池的使用关系到用户的人身安全，因而系统对于各种相应模式总是采取"安全第一"的原则。动力电池管理系统对于故障的响应还需根据故障等级而定，当其故障级别较低时，系统可采取报错或者发出报警信号的方式告知驾驶人；而当故障级别较高，甚至伴随有危险时，系统将采取断开高压接触器的控制策略。低压蓄电池是整车控制系统的供电来源，无论是处于充电模式、放电模式还是故障模式，直流转换器接触器的闭合都可使低压蓄电池处于充电模式，从而保证低压控制系统工作正常。

2.1.4 典型动力电池管理系统

1. 荣威 E50 电池管理系统

荣威 E50 电池管理系统布置图如图 2-1-29 所示，其电池管理系统控制框图如图 2-1-30 所示。

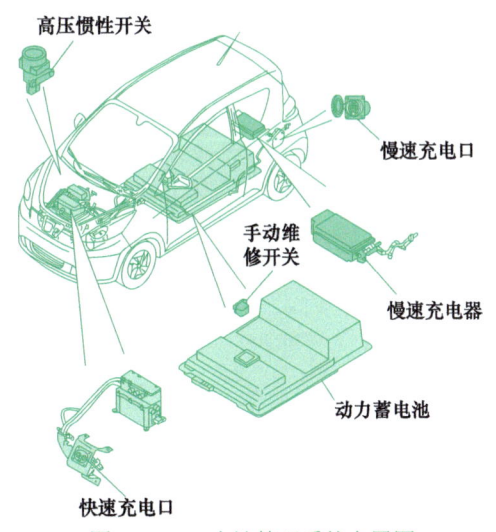

图 2-1-29 电池管理系统布置图

高压电池组管理系统功能包括 4 路独立的 CAN 网络，分别与整车、车载充电器、非车载充电器、内部控制模块通信；提供高压电池包的状态给整车控制器，通过不同高压继电器的通断，实现各个高压回路的通断，使其实现充放电管理和高压电池包电池状态的指示；车载充电管理。非车载充电管理；热管理功能：通过水冷的方式控制高压电池包在各种工况下工作在合适的温度范围；高压安全管理：实现绝缘电阻检测，高压互锁检测，碰撞检测功能，具备故障检测管理及处理机制；实现车载和非车载充电器的连接线检测，控制整车的充电状态和充电连接状态灯的指示。

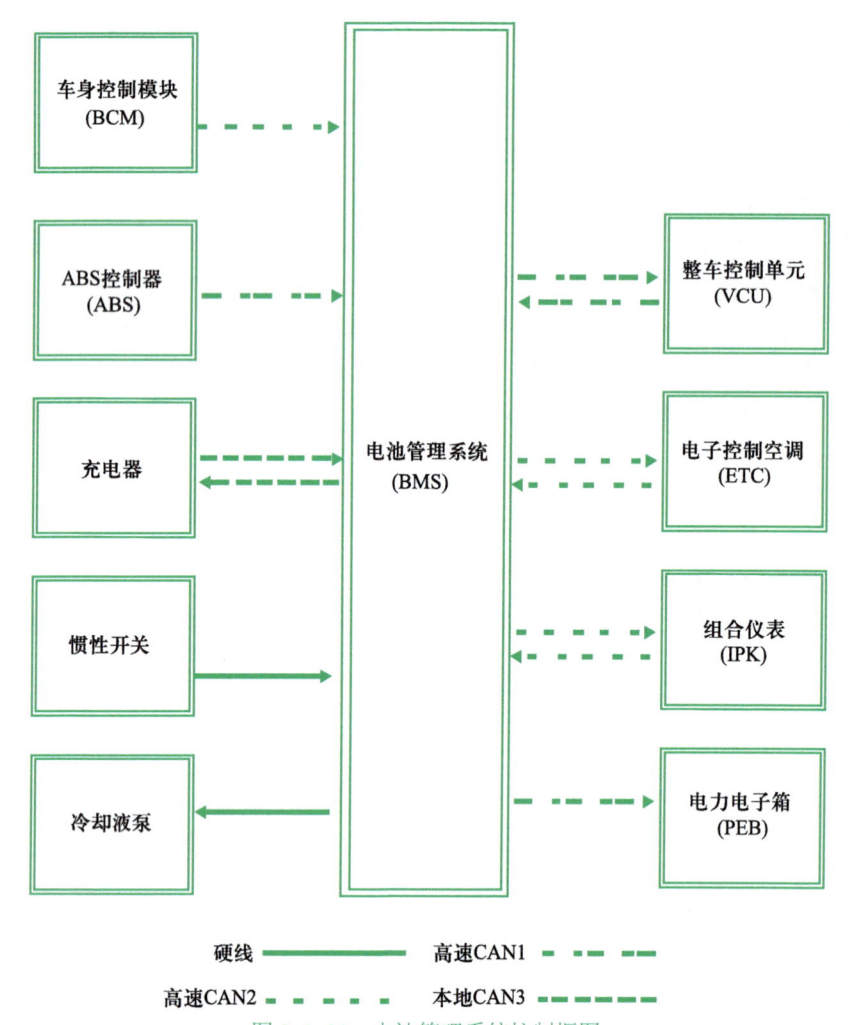

图 2-1-30　电池管理系统控制框图

2. 比亚迪 E6 动力电池管理系统

比亚迪 E6 采用分布式电池管理系统，由 1 个电池管理器和 11 个电池信息采集器（BIC）及动力电池采样线组成。

电池管理器是监控动力电池包，保证动力电池包正常工作的监控单元，主要目的是为了保证每节串联电池的电压、电流等各项性能指标的一致性。由于电池的原理像木桶效应，某一节短板的话，所有电池性能都将按照这一节性能计算，这将对电池可靠性提出极高的要求，为了防止过充、过放、过温等一系列影响单节电池性能的问题出现，通过电池管理器进行监控，保证单体电池工作在正常状态。

动力电池管理器是 E6 动力控制部分的核心，负责整车电动系统的电力控制并实施监测高压电力系统的用电状态，采取保护措施，保证车辆安全行驶。其详细功能有充放电管理、接触器控制、功率控制、电池异常状态报警和保护、SOC/SOH

（剩余电量/容量）计算、自检以及通信功能等。

电池信息采集器的主要功能有电池电压采样、温度采样、电池均衡、采样线异常检测等。

动力电池采样线的主要功能是连接电池管理控制器和电池信息采集器，实现两者之间的通信及信息交换。

电池管理器安装位置如图 2-1-31 所示，其主要通信接口线如图 2-1-32 所示。

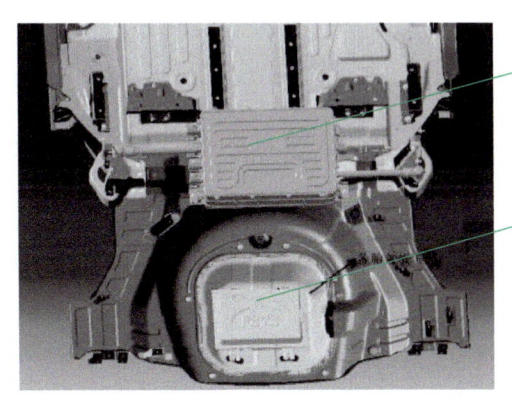

图 2-1-31　电池管理器安装在行李舱备胎下方

图 2-1-32　电池管理器主要通信接口线

如图 2-1-33 所示，电池管理器连接在车辆的动力及充电 CAN BUS 网络上，并通过专用信号采样线采集动力电池包内每个单体电池的电压、电池的温度信号。此外，还会结合来自整车控制器的指令，通过控制位于高压配电箱内接触器的通断，控制去电动机控制器的高压电接通，以及外部充电功能。

该电池管理系统能够在运行过程中实现对电池系统的故障诊断，具体见表 2-1-3。同时，电池管理系统也会根据检测到的故障运行自我保护，见表 2-1-4。

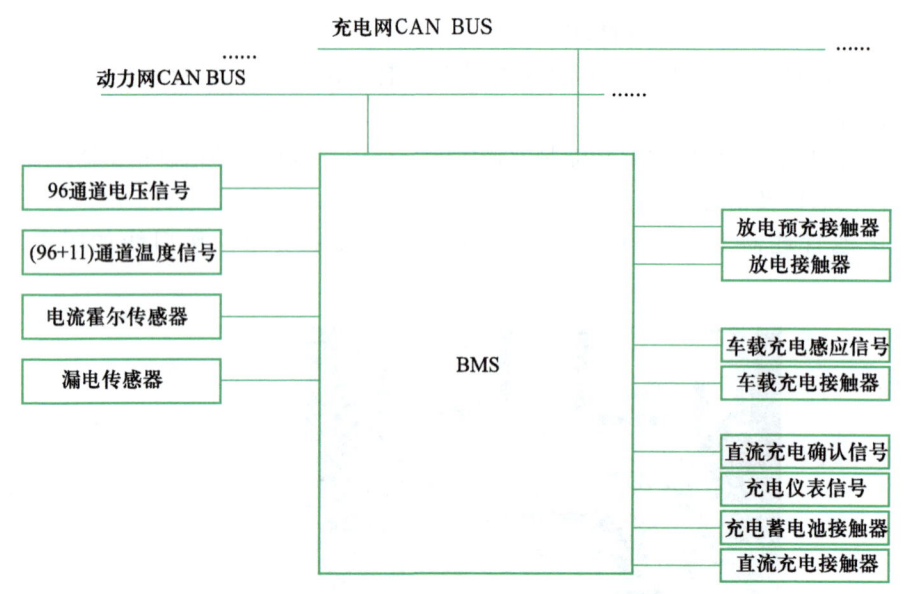

图 2-1-33　电池管理系统输入与输出信号

表 2-1-3　电池管理系统故障诊断表

故障状态	电池管理系统故障诊断状况
模块温度＞65℃	1级故障：一般高温警告
模块（单体）电压＞3.85 V	1级故障：一般高压警告
模块（单体）电压＜2.6 V	1级故障：一般低压警告
充电电流＞300 A	1级故障：充电过流警告
放电电流＞450 A	1级故障：放电过流警告
绝缘电阻＜设定值	1级故障：一般漏电警告
模块温度＞70℃	2级故障：严重高温警告
模块（单体）电压＞4.1 V	2级故障：严重高压警告
模块（单体）电压＜2.0 V	2级故障：严重低压警告
绝缘电阻＜设定值	2级故障：严重漏电警告

表 2-1-4　故障运行自我保护诊断表

故障类别	整车系统级别的故障响应和处理	电池管理系统硬件响应
1级故障	电池管理系统发出警告后，整车的其他控制器模块可以根据具体故障内容启动相应的故障处理机制	无
2级故障：温度高		关断直流动力回路
2级故障：电压高		关断直流动力回路
2级故障：电压低		关断直流动力回路
2级故障：严重漏电		不允许放电

任务实施

1. 工作准备

防护装备：绝缘防护装备。

车辆、台架、总成：北汽新能源纯电动汽车系列、北汽 EV150 或其他同类纯电动汽车。

专用工具、设备：无。

手工工具：绝缘拆装组合工具。

辅助材料：警示标志和设备、清洁剂。

2. 实施步骤

以北汽 EV150 型汽车为例，介绍动力电池管理系统拆装的流程与规范，实施步骤见表 2-1-5。

警告：在处理丛板的更换过程中，注意螺钉与配件的拆卸，防止掉落模组内部引起短路事故。

表 2-1-5　BMS 更换流程与规范

1. 作业前的准备	
	（1）检修高压系统前，必须穿戴由绝缘防护设备组成的手套、鞋、护目镜等
	（2）在维修高压部件时，禁止带电作业。确保车辆充电接口已和外部高压电源连接断开
	（3）在维修高压部件时，先将车钥匙置于 OFF 挡，并断开蓄电池负极电缆及高压检修开关
	（4）高压电线束和插头的颜色都是"橙色"。车辆维修工作时，不能随意触碰这些橙色部件
	（5）断开高压部件后，立即用绝缘胶带或堵盖封堵线束连接器端口和高压部件端口

续表

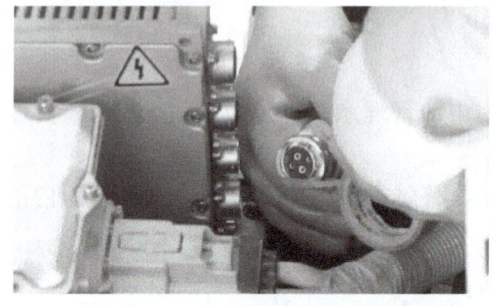

（6）在维修作业时，禁止其他无关工作人员触摸车辆

（7）装配后，检查并确认每个零件安装正确，才允许插上高压检修开关

（8）高压系统维修不能在短时间内完成，不维修时需在高压系统部件上放置"高压危险"标志

（9）如果电池着火或者冒烟，立即使用干粉灭火器灭火

续表

步骤	操作说明
2. 拆卸故障 BMS 连接线束	（1）将故障 BMS 端口处插件拔出 注意事项：拆卸插件时候需缓缓将其拔出，禁止以提拉线束的方式拔出插件 （2）将线束搁置固定 注意事项：避免操作过程中对线束造成意外伤害
3. 更换 BMS	（1）拆卸螺栓 注意事项：将拆卸后螺母等零件置于指定容器内 （2）拆下 BMS （3）安装 BMS （4）紧固螺栓
4. 连接 BMS 线束	连接好各线束插头 注意事项：按照先后顺序将插件插回

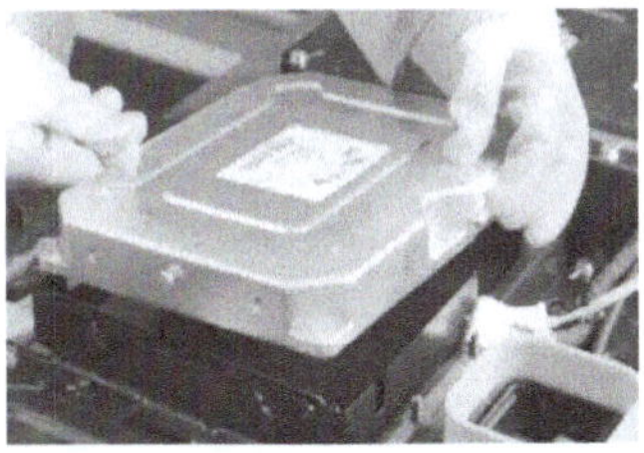

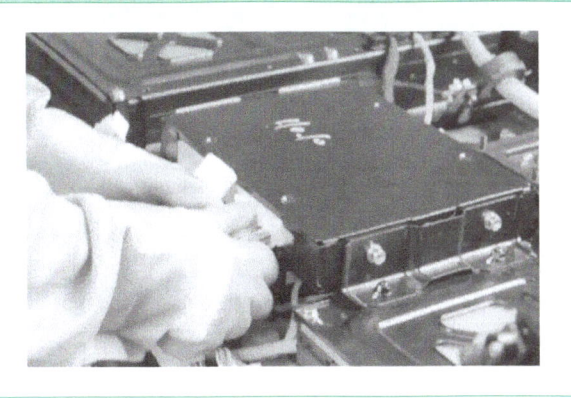

5. 试车		
		用专用故障诊断仪读取故障码和数据流，确保车辆动力电池无任何故障
6. 操作后整理现场		
		收拾车辆三件套，回位工具和设备，盖好引擎盖，撤走隔离带，交车后清洁工位

任务评价

班级：　　　　　小组：　　　　　学号：　　　　　姓名：

项目内容	主要测评项目	学生自评			
		A	B	C	D
关键能力总结	1. 遵守纪律，遵守学习场所管理规定，服从安排 2. 具有安全意识、责任意识和 5S 管理意识，注重节约、节能与环保 3. 学习态度积极主动，能按时参加安排的实习活动 4. 具有团队合作意识，注重沟通，能自主学习及相互协作 5. 仪容仪表符合学习活动要求				

续表

项目 内容	主要测评项目	学生自评			
		A	B	C	D
专业知识与能力总结	1. 能正确说出电动汽车动力电池管理系统的作用、形式及工作原理 2. 能通过查阅相关资料，教师演示，小组协作顺利完成动力电池管理系统的规范拆装作业				
个人自评总结与建议					
小组评价					
教师评价		总评成绩			

教师签字：　　　　　日期：

任务二　动力电池能量管理系统的检测

> 知识目标

1. 能够描述动力电池管理系统的采集内容。
2. 能够描述动力电池管理系统的基本参数采集方法。
3. 能够描述动力电池的均衡管理。
4. 能够描述动力电池的电安全管理。

> 能力目标

能够正确使用故障诊断仪读取和分析新能源汽车电池管理系统的基本数据。

> 任务引入

一辆北汽新能源 EV160 纯电动汽车出现无法行驶的故障，你的主管初步判断是电池管理系统方面的问题，要求你利用诊断仪器进行进一步的诊断，你能完成这个任务吗？

> 知识链接

2.2.1 动力电池管理系统的数据采集

1. 动力电池管理系统的采集内容

在功能上，动力电池能量管理系统主要包括数据采集、电池状态计算、能量管理、安全管理、热管理、均衡控制、通信功能和人机接口等。控制方式如图 2-2-1 所示。

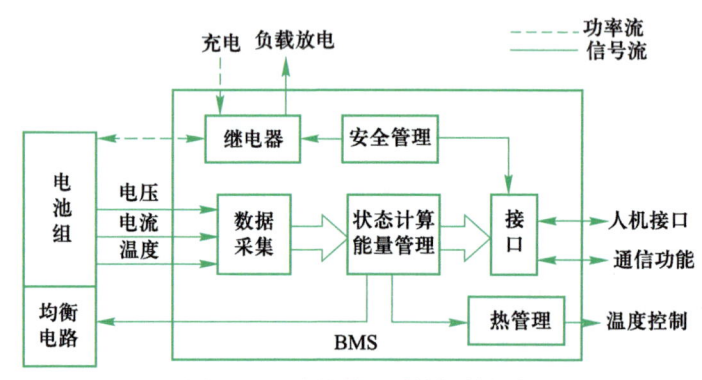

图 2-2-1 电池管理系统控制方式

（1）数据采集

电池管理系统的所有算法都是以采集的动力电池数据作为输入，采样速率、精度和前置滤波特性是影响电池系统性能的重要指标。电动汽车电池管理系统的采样速率一般要求大于 200 Hz（50 ms）。

（2）电池状态计算

电池状态计算包括电池组荷电状态（SOC）和电池组健康状态（SOH）两方面。SOC 用来提示动力电池组剩余电量，是计算和估计电动汽车续驶里程的基础。SOH 用来提示电池技术状态，是预计可用寿命等健康状态的参数。

（3）能量管理

能量管理主要包括以电流、电压、温度、SOC 和 SOH 为输入进行充电过程控制，以 SOC、SOH 和温度等参数为条件进行放电功率控制两个部分。

（4）安全管理

监视电池电压、电流、温度是否超过正常范围，防止电池组过充电、过放电。现在，在对电池组进行整组监控的同时，多数电池管理系统已经发展到对极端单体电池进行过充电、过放电、过热等安全状态管理。

（5）热管理

在电池工作温度超高时进行冷却，低于适宜工作温度下限时进行电池加热，使电池处于适宜的工作温度范围内，并在电池工作过程中总保持电池单体间温度均衡。对于大功率放电和高温条件下使用的电池，电池的热管理尤为必要。

（6）均衡控制

由于电池的一致性差异导致电池组的工作状态是由最差电池单体决定的。在电池组各个电池之间设置均衡电路，实施均衡控制是为了使各单体电池充放电的工作情况尽量一致，提高整体电池组的工作性能。

（7）通信功能

通过电池管理系统实现电池参数和信息与车载设备或非车载设备的通信，为充放电控制、整车控制提供数据依据是电池管理系统的重要功能之一，根据应用需要，数据交换可采用不同的通信接口，如模拟信号、PWM 信号、CAN 总线或 I2C 串行接口。

（8）人机接口

根据设计的需要设置显示信息以及控制按键、旋钮等。电池管理系统的主要工作原理可简单归纳为：数据采集电路采集电池状态信息数据后，由电子控制单元（ECU）进行数据处理和分析，然后电池管理系统根据分析结果对系统内的相关功能模块发出控制指令，并向外界传递参数信息。

2. 动力电池管理系统的主要数据采集参数

如图 2-2-2 所示，系统包括电池、温度传感器、电流传感器、电池平衡器单元、电池监控单元和电池管理单元。在电池组中一共有 12 个串联的模块，其中每个模块由 4 个电池串联组成。电池监控单元检测所有电池的电压和模块的温度。电池管理单元负责与电池系统中的其他单元进行通信并控制它们，同时显示电池系统的状态给车辆其他系统。

电池管理系统的主要功能是监测电压、电流、温度，计算 SOC 和最大功率，控制电流接触器来保证电池是否正确，并识别故障情况，监测绝缘状况，并与车辆网络进行通信。

早期的电池管理系统仅仅进行电池一次测量参数（电压、电流、温度等）的采集，之后发展到二次参数（SOC、内阻）的测量和预测，并根据极端参数进行电池状态预警。现阶段，电池管理系统除完成数据测量和预警功能外，还通过数据总线直接参与车辆状态的控制。

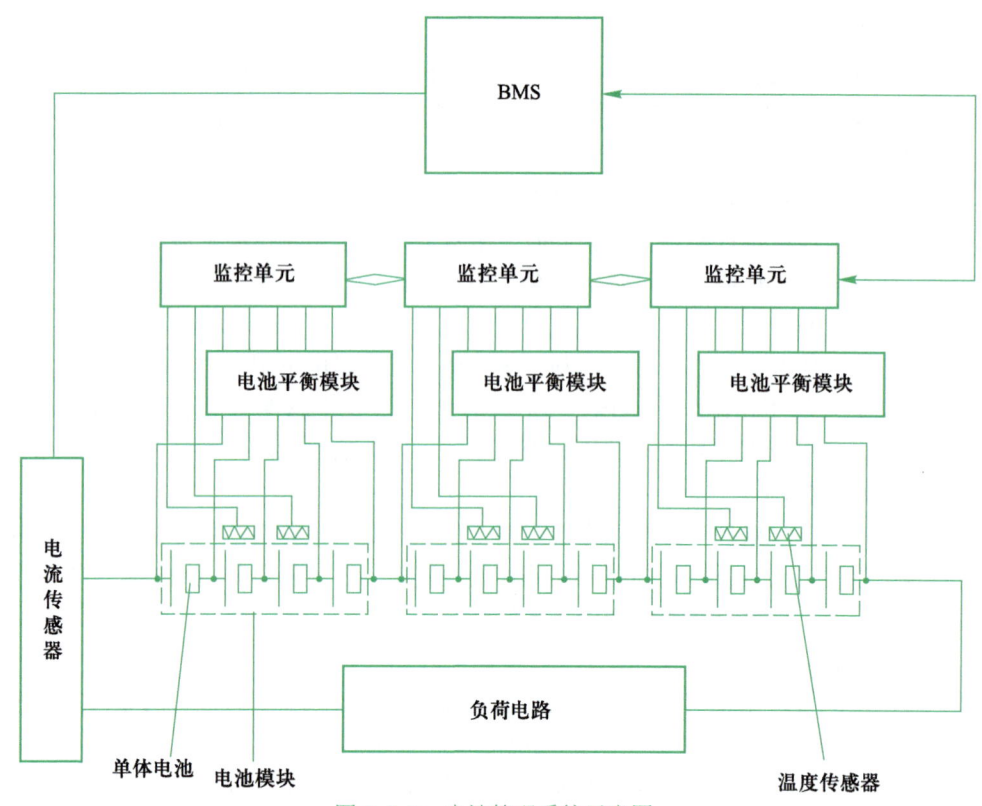

图 2-2-2　电池管理系统示意图

（1）单体电压采集方法

电池单体电压采集是动力电池组管理系统中的重要一环，其性能好坏或精度高低决定了系统对电池状态信息判断的准确程度，并进一步影响了后续的控制策略能否有效实施。常用的单体电压检测方法有 4 种。

① 继电器阵列法

图 2-2-3 所示为基于继电器阵列法的电池电压采集电路原理框图，其由端电压传感器、继电器阵列、A/D 转换芯片、光耦、多路模拟开关等组成。如果需要测量 n 块串联成组电池的端电压，就需要将 $n+1$ 根导线引入电池组中各节点。测量第 m 块电池的端电压时，单片机发出相应的控制信号，通过多路模拟开关、光耦合继电器驱动电路选通相应的继电器，将第 m 和 $m+1$ 根导线引入到 A/D 转换芯片。通常开关器件的电阻都比较小，配合分压电路之后由于开关器件的电阻所引起

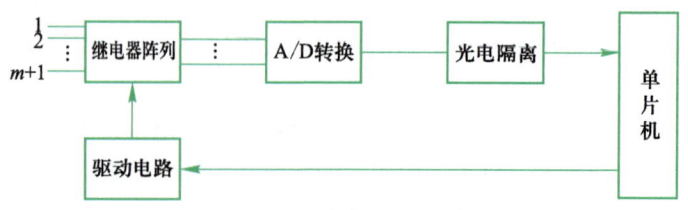

图 2-2-3　基于继电器阵列法的电池电压采集电路原理图

的误差几乎可以忽略不算,而且整个电路结构简单,只有分压电阻和模数转换芯片还有电压基准的精度能够影响最终结果的精度,通常电阻和芯片的误差都可以做得很小。所以,在所需要测量的电池单体电压较高而且对精度要求也高的场合最适合使用继电器阵列法。

② 恒流源法

恒流源电路进行电池电压采集的基本原理是,在不使用转换电阻的前提下,将电池端电压转化为与之呈线性变化关系的电流信号,以此提高系统的抗干扰能力。在串联电池组中,由于电池端电压也就是电池组相邻两节点间的电压差,故要求恒流源电路具有很好的共模抑制能力,一般在设计过程中多选用集成运算放大器来达到此种目的。出于设计思路和应用场合的不同,恒流源电路会有多种不同形式,图2-2-4所示即为其中一种,它是由运算放大器和绝缘栅型场效应晶体管组合构成的减法运算恒流源电路。

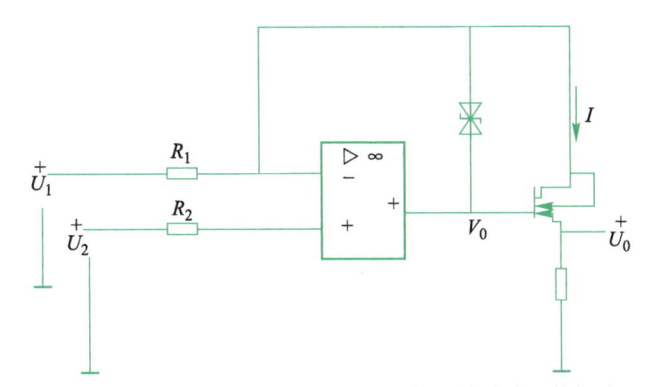

图 2-2-4　运算放大器和场效应晶体管组合构成的减法运算恒流源电路

由运算放大器的结构可知,该电路是具有高开环放大倍数并带有深度负反馈的多级直接耦合放大电路,其输入级采用差动放大电路,并集成在同一硅片上,故两者的性能匹配非常好,且中间级具有很高的放大能力。由差动电路原理可知,这种电路具有很强的共模信号抑制能力,所以在用运算放大器对电池组的单体电压进行测量时,由于高的共模抑制性和放大能力,测量精度将会得到提高。绝缘栅型场效应晶体管是利用输入回路的电场效应来控制输出回路电流的一种半导体器件,当其工作在可变电阻区时,输出量漏极电流,与输入量漏源电压 U_0 呈线性关系,且管子的栅、源间阻抗很高,造成的漏电流很小,而漏、源间导通电阻很小,造成的导通压降很低。

图 2-2-4 中 U_1 和 U_2 的差即为电池端电压,U_0 为恒流源电路输出电压。不难看出,运算放大器输出端连接场效应晶体管实现了电路的负反馈作用,使电路保持在平衡状态。其中,V_0 是运算放大器的输出电压;VR_1 是电阻 R_1 上的电压降;V_1 是运算放大器的输入差模电压,即 $V = u - U$,当电路处于平衡态时,$E = 0$。恒流源电路结构较简单,共模抑制能力强,采集精度高,具有很好的实用性。

③ 隔离运算采集法

隔离运算放大器是一种能够对模拟信号进行电气隔离的电子元件,广泛用作工业过程控制中的隔离器和各种电源设备中的隔离介质。一般由输入和输出两部分组成，两者单独供电，并以隔离层划分，信号经输入部分调制处理后经过隔离层，再由输出部分解调复现。隔离运算放大器非常适用于电池单体电压采集电路中，它能将输入的电池端电压信号与电路隔离，从而避免了外界干扰而使系统采集精度提高，可靠性增强。

④ 压/频转换电路采集法

当利用压/频（V/f）转换电路实现电池单体电压采集功能时，压/频变换器的应用是关键，它是把电压信号转换为频率信号的元件，具有良好的精度、线性度和积分输入等特点。

该采集方法中，电压信号直接被转换为频率信号，随即就可以进入单片机的计数器端口进行处理，而不需 A/D 转换。此外，为了配合压/频转换电路在电池单体电压采集系统中的应用，相应选择电路和运算放大电路也需加以设计，以实现多路采集的功能。这种方法所涉及的元件比较少，但是压控振荡器中含有电容器，而电容器的相对误差一般都比较大，而且电容越大相对误差也越大。

（2）电池温度采集方法

电池的工作温度不仅影响电池的性能，而且直接关系到电动汽车使用的安全问题，因此，准确采集温度参数显得尤为重要。采集温度并不难，关键是如何选择合适的温度传感器。目前，使用的温度传感器很多，比如热电偶、热敏电阻、热敏晶体管、集成温度传感器等。

① 热敏电阻采集法

热敏电阻采集法的原理是利用热敏电阻阻值随温度的变化而变化的特性，用一个定值电阻和热敏电阻串联起来构成一个分压器，从而把温度的高低转化为电压信号，再通过 A/D 转换得到温度的数字信息。热敏电阻成本低，但线性度不好，而且制造误差一般也比较大。

② 热电偶采集法

热电偶的作用原理是双金属体在不同温度下会产生不同的热电动势，通过采集这个电动势的值就可以通过查表得到温度的值。由于热电动势的值仅和材料有关，所以热电偶的准确度很高。但是由于热电动势都是毫伏等级的信号，所以需要放大，外部电路比较复杂，一般来说金属的熔点都比较高，所以热电偶一般都用于高温的测量。

③ 集成温度传感器采集法

由于温度的测量在日常生产、生活中用得越来越多，所以半导体生产商们都推出了很多集成温度传感器。这些温度传感器虽然很多都是基于热敏电阻式的，但都在生产的过程中进行校正，所以精度可以媲美热电偶，而且直接输出数字量，很适合在数字系统中使用。

（3）电池工作电流采集方法

常用的电流检测方式有分流器、互感器、霍尔元件电流传感器和光纤传感器 4 种，各种方法的特点见表 2-2-1。

其中，光纤传感器昂贵的价格影响了其在控制领域应用；分流器成本低、频响应好，但使用麻烦，必须接入电流回路；互感器只能用于交流测量；霍尔传感器性能好，使用方便。目前，在电动车辆动力电池管理系统电流采集与监测方面应用较多的是分流器和霍尔传感器。

表 2-2-1　各种电流检测方式特点

项目	分流器	互感器	霍尔元件电流传感器	光纤传感器
插入损耗	有	无	无	无
布置形式	需插入主电路	开孔，导线传入	开孔，导线传入	—
调量对象	直流、交流、脉冲	交流	直流、交流、脉冲	直流、交流
电气隔离	无隔离	隔离	隔离	隔离
使用方便性	小信号放大需控制处理	使用较简单	使用简单	—
使用场合	小电流、控制测量	交流测量电网监控	控制测量	高压测量
价格	较低	低	较高	高
普及程度	普及	普及	较普及	未普及

2.2.2　动力电池管理系统的管理内容

1. 动力电池的均衡管理

为了平衡电池组中单体电池的容量和能量差异，提高电池组的能量利用率，在电池组的充放电过程中需要使用均衡电路。

根据均衡过程中对所传递的能量的处理方式不同，均衡电路可以分为能量耗散型和非能量耗散型（即无损均衡），国外有些文献又分别称之为被动均衡和主动均衡。

能量耗散型均衡主要通过令电池组中能量较高的电池利用其旁路电阻进行放电的方式损耗部分能量，以期达到电池组能量状态的一致。这种均衡结构以损耗电池组能量为代价，并且由于生热问题导致均衡电流不能过大，适用于小容量电池系统以及能量能够及时得到补充的系统，如混合动力汽车。宝马公司 Active E 混合动力汽车即采用了由 Preh Gmb H 公司提供的带有能量耗散式均衡系统的 BMS。

（1）能量耗散型均衡管理

能量耗散型是通过单体电池的并联电阻进行分流从而实现均衡的。这种电路结构简单，均衡过程一般在充电过程中完成，对容量低的单体电池不能补充电量，存在能量浪费和增加热管理系统负荷的问题。能量耗散型一般有如下两类。

① 恒定分流电阻均衡充电电路

每个电池单体上都始终并联一个分流电阻。这种方式的特点是可靠性高，分流电阻的阻值大，通过固定分流来减小由于自放电导致的单体电池差异。其缺点在于无论电池充电还是放电过程，分流电阻始终消耗功率，能量损失大，一般在能够及时补充能量的场合适用。

② 开关控制分流电阻均衡充电电路

分流电阻通过开关控制，在充电过程中，当单体电池电压达到截止电压时，均衡装置能阻止其过充电并将多余的能量转化成热能。这种均衡电路工作在充电期间，特点是可以对充电时单体电池电压偏高者进行分流。其缺点是由于均衡时间的限制，导致分流时产生的大量热量需要及时通过热管理系统耗散，尤其在容量比较大的电池组中更加明显。例如，10 A·h 的电池组，100 mV 的电压差异，最大可达 500 mA·h 以上的容量差异，如果以 2 h 的均衡时间，则分流电流为 250 mA，分流电阻值约为 14 Ω，则产生的热量为 2 W·h 左右。

能量耗散型电路结构简单，但是均衡电阻在分流的过程中，不仅消耗了能量，而且还会由于电阻的发热引起电路的热管理问题。由于其实质是通过能量消耗的办法限制单体电池出现过高或过低的端电压，所以，只适合在静态均衡中使用，其高温升等特点降低了系统的可靠性，不适用于动态均衡。该方式仅适合小型电池组或者容量较小的电池组。

（2）非能量耗散型均衡管理

非能量耗散型电路的耗能相对于能量耗散型电路小很多，但电路结构相对复杂，可分为能量转换式均衡和能量转移式均衡两种方式。

① 能量转换式均衡

能量转换式均衡是通过开关信号，将电池组整体能量对单体电池进行能量补充，或者将单体电池能量向整体电池组进行能量转换。其中单体能量向整体能量转换，一般都是在电池组充电过程中进行，电路如图 2-2-5 所示。该电路是检测各个单体电池的电压值，当单体电池电压达到一定值时，均衡模块开始工作。把单体电

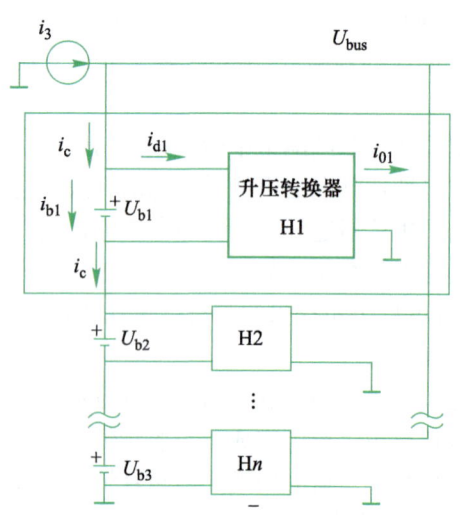

图 2-2-5　单体电压向整体电压转换方式

池中的充电电流进行分流从而降低充电电压，分出的电流经模块转换把能量反馈回充电总线，达到均衡的目的。还有的能量转换式均衡可以通过续流电感，完成单体到电池组的能量转换。

电池组整体能量向单体转换，电路如图 2-2-6 所示。这种方式也称为补充式均衡，即在充电过程，首先通过主充电模块对电池组进行充电，电压检测电路对每个单体电池进行监控。当任一单体电池的电压过高，主充电电路就会关闭，然后补充式均衡充电模块开始对电池组充电。通过优化设计，均衡模块中充电电压经过一个独立的 DC/DC 变换器和一个同轴线圈变压器，给每个单体电池上增加相同的次级绕组。这样，单体电压高的电池从辅助充电电路上得到的能量少，而单体电压低的电池从辅助充电器上得到的能量多，从而达到均衡的目的。此方式的问题在于次级绕组的一致性难以控制，即使次级绕组匝数完全相同，考虑到变压器漏感以及次级绕组之间的互感，单体电池也不一定获得相同的充电电压。同时，同轴线网也存在一定的能量耗散，并且这种方式的均衡只有充电均衡，对于放电状态的不均衡无法起作用。

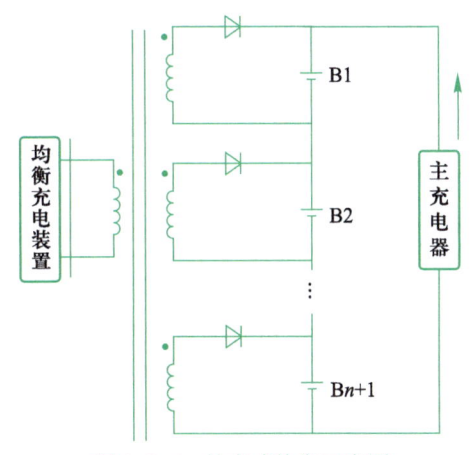

图 2-2-6　补充式均衡示意图

能量转换式电路是一种通过开关电源来实现能量变换的电路。相对于能量转移式均衡电路来说，它的电路复杂程度降低了很多，成本也降低了。但对同轴线圈，由于绕组到各单体之间的导线长度和形状不同，变压比有差异，导致对每个单体电池均衡的不一致，有均衡误差。另外，同轴线圈本身由于电磁泄漏等问题，也消耗了一定的能量。

② 能量转移式均衡

能量转移式均衡是利用电感或电容等储能元件，把能量从电池组中容量高的单体电池通过储能元件转移到容量比较低的电池上，该电路是通过切换电容开关传递相邻电池间的能量，从而达到均衡的目的（图 2-2-7）。另外，也可以通过电感储能的方式，对一相邻电池间进行双向传递。此电路的能量损耗很小，但是均衡过程中必须有多次传输，均衡时间长，不适于多串的电池组。改进的电容开关均衡方式，可通过选择最高电压单体与最低电压单体电池间进行能量转移，从而使均衡速度增快。能量转移式均衡中能量的判断以及开关电路的实现较困难。

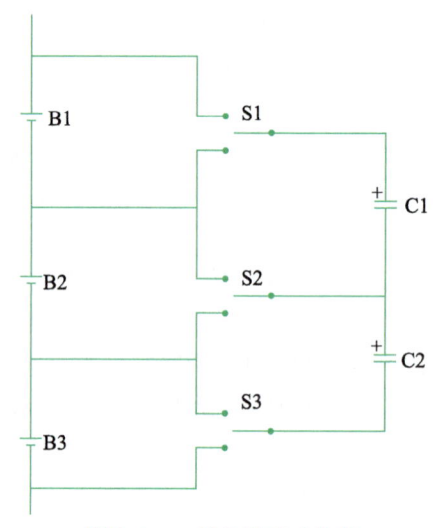

图 2-2-7　能量转移式均衡

能量转移式均衡是一种电池容量补偿的方法，就是从容量高的电池取出一些电量来补偿容量低的电池。这个方法虽然可行，但是由于在实际电路中需要对各个单体电池电压进行检测判断，电路会很复杂，且体积大、成本高。另外，能量的转移是通过一个储能媒介来实现的，存在一定的消耗及控制问题。该均衡方式一般应用于中大型电池组中。

除上述均衡方法外，在充电应用过程中，还可采用涓流充电的方式实现电池的均衡。这是最简单的方法，不需要外加任何辅助电路。其方法是对串联电池组持续用小电流充电。由于充电电流很小，这时的过充电对满充电池带来的影响并不严重，由于已经充饱的电池没办法将更多的电能转换成化学能，多余的能量将会转化成热量。而对于没有充饱的电池，却能继续接收电能，直至到达满充点。这样，经过较长的周期，所有的电池都将会达到满充状态，从而实现了容量均衡。但这种方法需要很长的均衡充电时间，且消耗相当大的能量来达到均衡。另外，在放电均衡管理上，这种方法是不能起任何作用的。

2. 动力电池的热管理

（1）动力电池热管理系统的功能

由于过高或过低的温度都将直接影响动力电池的使用寿命和性能，并有可能导致电池系统的安全问题，并且电池箱内温度场的长久不均匀分布将造成各电池模块、单体间性能的不均衡，因此，电池热管理系统对于电动车辆动力电池系统而言是必需的。可靠、高效的热管理系统对于电动车辆的可靠安全应用意义重大。

电池组热管理系统有如下 5 项主要功能。

① 电池温度的准确测量和监控。

② 电池组温度过高时的有效散热和通风。

③ 低温条件下的快速加热。

④ 有害气体产生时的有效通风。

⑤ 保证电池组温度场的均匀分布。

（2）电池内传热的基本方式

电池内热传递方式主要有热传导、对流换热和辐射换热 3 种方式。电池和环境交换的热量也是通过辐射、传导和对流 3 种方式进行。

热辐射主要发生在电池表面，与电池表面材料的性质相关。

热传导是指物质与物体直接接触而产生的热传递。电池内部的电极、电解液、集流体等都是热传导介质，而将电池作为整体，电池和环境界面层的温度和环境热传导性质决定了环境中的热传导。

热对流是指电池表面的热量通过环境介质（一般为流体）的流动交换热量，它也和温差成正比。

对于单体电池内部而言，热辐射和热对流的影响很小，热量的传递主要是由热传导决定的。电池自身吸热的大小是与其材料的比热容有关，比热容越大，散热越多，电池的温升越小。如果散热量大于或等于产生的热量，则电池温度不会升高。如果散热量小于所产生的热量，将会在电池体内产生热积累，电池温度升高。

（3）电池组热管理系统形式

按照传热介质，可将电池组热管理系统分为空冷、液冷和相变材料冷却 3 种。考虑到材料的研发以及制造成本等问题，目前最有效且最常用的散热系统是采用空气作为散热介质。

3. 动力电池的电安全管理

电安全管理系统主要包括烟雾报警、绝缘检测、自动灭火、过电压和过电流控制、过放电控制、防止温度过高、在发生碰撞的情况下关闭电源等功能。

电动汽车动力电池系统电压常用的有 288 V、336 V、384 V 以及 544 V 等，已经大大超过了人体可以承受的安全电压，因此，电气绝缘性能是电安全管理重要的内容，绝缘性能的好坏不仅关系到电气设备和系统能否正常工作，更重要的是关系到人的生命财产安全。

现阶段电池包外壳多采用金属材料制成，要求在符合表 2-2-2 要求的电压条件下，电池包正极和负极与金属外壳之间的绝缘电阻应大于 10 MΩ。

表 2-2-2　电压与绝缘电阻测试的等级　　　　　　　　（单位：V）

蓄电池包额定工作电压（单箱）U_t	绝缘电阻测试仪器的电压等级
$U \leq 60$	250
$60 < U_t \leq 300$	500
$300 < U_t \leq 750$	1 000

动力电池在电动车辆上安装应用，因此，必须满足车辆部件的耐振动、耐冲击、耐跌落、耐烟雾等强度和可靠性要求，保证可靠应用。为满足防水、防尘要求，电池包应满足规定的 IP 防护等级，根据车辆的总体要求，一般的 IP 防护等级要求不低于 IP55。在极端工况下，通过电池安全管理系统应能实现电池包的高压

断电保护、过电流断开保护、过放电保护、过充电保护等功能。

2.2.3 动力电池管理系统数据流读取和分析

对于新能源汽车系统的诊断，数据流读取分析是故障诊断过程中最重要的环节之一。以下以荣威 E550 混合动力汽车为例，介绍动力电池管理系统的数据流读取和分析。电池的温度监控和电压监控是荣威 E550 混动电池管理系统的主要基本参数。

1. 温度监控数据流

连接诊断仪器，根据仪器提示操作，进入数据流读取功能，读取与温度相关的数据流（图 2-2-8 ～图 2-2-10）。

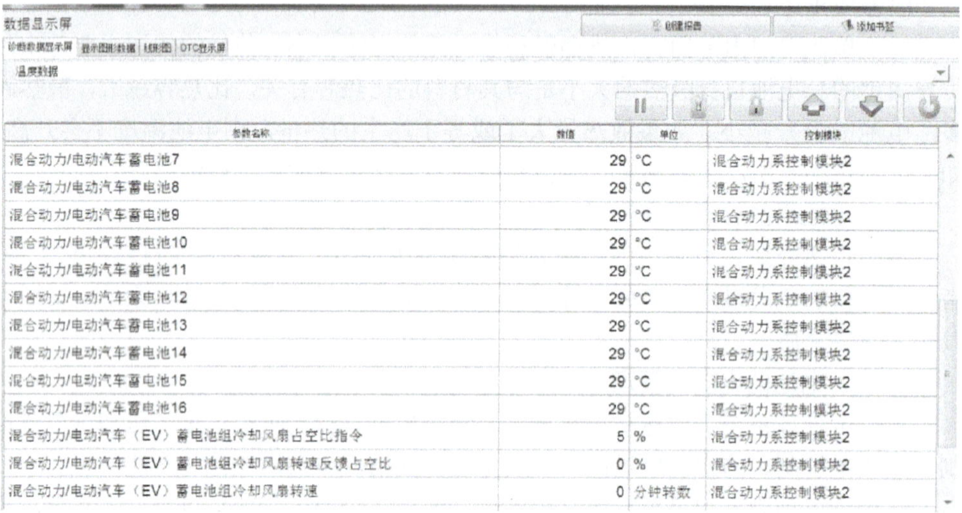

参数名称	数值	单位	控制模块
混合动力/电动汽车蓄电池7	29	°C	混合动力系控制模块2
混合动力/电动汽车蓄电池8	29	°C	混合动力系控制模块2
混合动力/电动汽车蓄电池9	29	°C	混合动力系控制模块2
混合动力/电动汽车蓄电池10	29	°C	混合动力系控制模块2
混合动力/电动汽车蓄电池11	29	°C	混合动力系控制模块2
混合动力/电动汽车蓄电池12	29	°C	混合动力系控制模块2
混合动力/电动汽车蓄电池13	29	°C	混合动力系控制模块2
混合动力/电动汽车蓄电池14	29	°C	混合动力系控制模块2
混合动力/电动汽车蓄电池15	29	°C	混合动力系控制模块2
混合动力/电动汽车蓄电池16	29	°C	混合动力系控制模块2
混合动力/电动汽车（EV）蓄电池组冷却风扇占空比指令	5	%	混合动力系控制模块2
混合动力/电动汽车（EV）蓄电池组冷却风扇转速反馈占空比	0	%	混合动力系控制模块2
混合动力/电动汽车（EV）蓄电池组冷却风扇转速	0	分钟转数	混合动力系控制模块2

图 2-2-8 读取与温度相关的数据流（一）

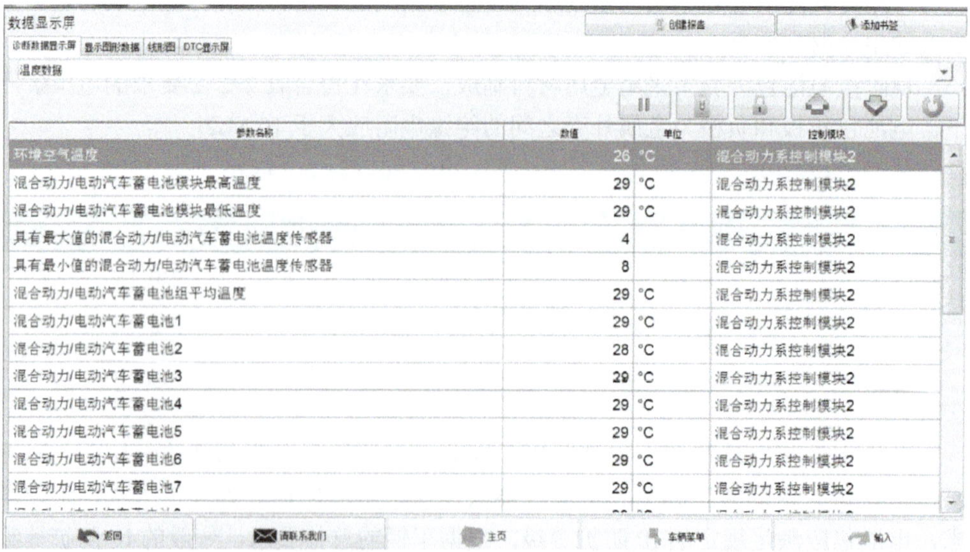

参数名称	数值	单位	控制模块
环境空气温度	26	°C	混合动力系控制模块2
混合动力/电动汽车蓄电池模块最高温度	29	°C	混合动力系控制模块2
混合动力/电动汽车蓄电池模块最低温度	29	°C	混合动力系控制模块2
具有最大值的混合动力/电动汽车蓄电池温度传感器	4		混合动力系控制模块2
具有最小值的混合动力/电动汽车蓄电池温度传感器	8		混合动力系控制模块2
混合动力/电动汽车蓄电池组平均温度	29	°C	混合动力系控制模块2
混合动力/电动汽车蓄电池1	29	°C	混合动力系控制模块2
混合动力/电动汽车蓄电池2	28	°C	混合动力系控制模块2
混合动力/电动汽车蓄电池3	29	°C	混合动力系控制模块2
混合动力/电动汽车蓄电池4	29	°C	混合动力系控制模块2
混合动力/电动汽车蓄电池5	29	°C	混合动力系控制模块2
混合动力/电动汽车蓄电池6	29	°C	混合动力系控制模块2
混合动力/电动汽车蓄电池7	29	°C	混合动力系控制模块2

图 2-2-9 读取与温度相关的数据流（二）

图 2-2-10　读取与温度相关的数据流（三）

从以上三张图中，我们可以看出每个动力电池单元的温度数值，控制动力电池散热的冷却风扇相关参数，分析如下。

（1）各电力电池模块之间温度相同，说明散热良好且散热均匀。

（2）散热风扇为占空比控制的，当前的控制比率为 5%，使用比率低说明当前散热良好。

（3）冷却液泵控制指令和反馈数值相同，蓄电池管理系统 BMS 发出的指令和 BMS 传感器监控得到的数值一样，说明冷却液泵工作良好。

2. 电压监控数据流

连接诊断仪器，根据仪器提示操作，进入数据流读取功能，读取与电压相关的数据流（图 2-2-11 ～图 2-2-13）。

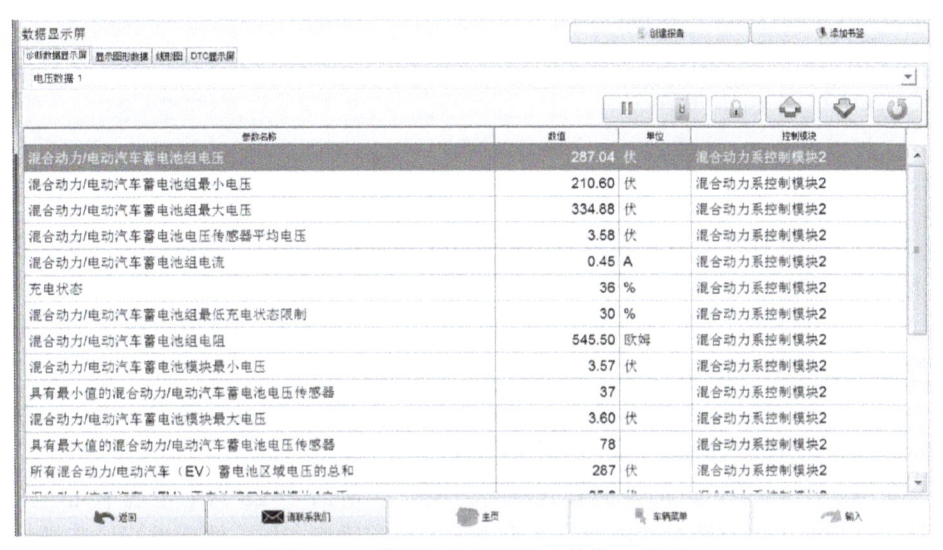

图 2-2-11　读取与电压相关的数据流（一）

图 2-2-12 读取与电压相关的数据流（二）

图 2-2-13 读取与电压相关的数据流（三）

从以上三个图中，我们可以看出每个动力电池单元的电压数值相关参数，分析如下：

图 2-2-11 中，总的动力电池电压为 287 V，各个蓄电池模块电压相等，正负极绝缘电压相等，系统正常。

图 2-2-12 中，车动力蓄电池总成和各个蓄电池单元的电压参数，这些数据需要对照维修手册进行判断。

从图 2-2-13 中可以清楚地看到，动力电池单元 21～26 六个电池单元电压均异常，这样就可以有针对性地对这六个电池的电路进行分析，然后进行检查排故。

任务实施

1. 工作准备

防护装备：绝缘防护装备。

车辆、台架、总成：北汽新能源纯电动汽车系列、北汽 EV150 或其他同类纯电动汽车。

专用工具、设备：电动汽车专用检测仪 BDS、万用表。

手工工具：绝缘拆装组合工具。

辅助材料：警示标志和设备、清洁剂。

2. 实施步骤

以北汽 EV150 型汽车为例，介绍动力电池高压母线连接故障的检测与诊断，此故障的报出系 BMS 检测不到高低压互锁信号所致，排查步骤见表 2-2-3。

表 2-2-3 EV150 型汽车动力电池管理系统故障检测

1. 作业前的准备	
	（1）检修高压系统前，必须穿戴由绝缘防护设备组成的手套、鞋、护目镜等
	（2）在维修高压部件时，禁止带电作业。确保车辆充电接口已和外部高压电源连接断开
	（3）在维修高压部件时，先将车钥匙置于 OFF 挡，并断开蓄电池负极电缆及高压检修开关
	（4）高压线束和插头的颜色都是"橙色"。车辆维修工作时，不能随意触碰这些橙色部件
	（5）断开高压部件后，立即用绝缘胶带或堵盖封堵线束插接器端口和高压部件端口

续表

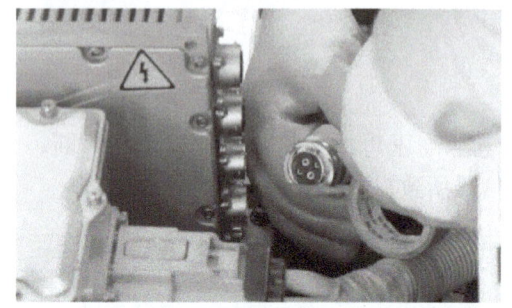

	（6）在维修作业时，禁止其他无关工作人员触摸车辆
	（7）装配后，检查并确认每个零件安装正确，才允许插上高压检修开关
	（8）高压系统维修不能在短时间内完成，不维修时需在高压系统部件上放置"高压危险"标签
	（9）如果电池着火或者冒烟，立即使用干粉灭火器灭火

续表

2. 使用电动汽车专用诊断仪 BDS 读取故障码与数据流	
(北汽新能源 OBD2 界面截图)	(1)将 VCI 诊断盒子连接到汽车的 OBD 诊断座,连接完后,电源指示灯亮。启动 BDS 系统软件,点击汽车诊断图标,选取对应的车型与模块
(读取故障码界面截图)	(2)读取故障码
(数据流界面截图)	(3)读取数据流

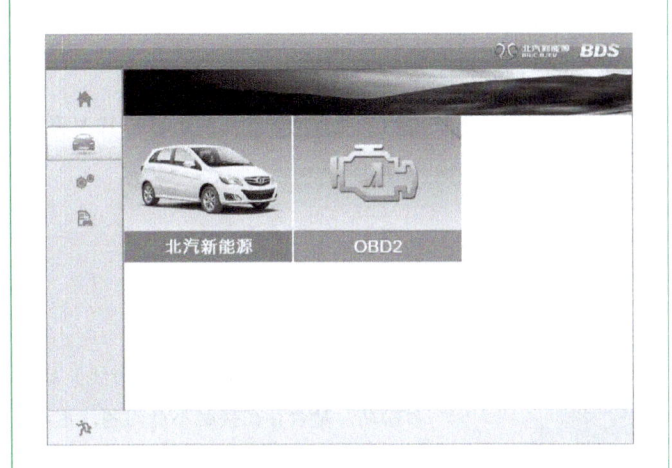

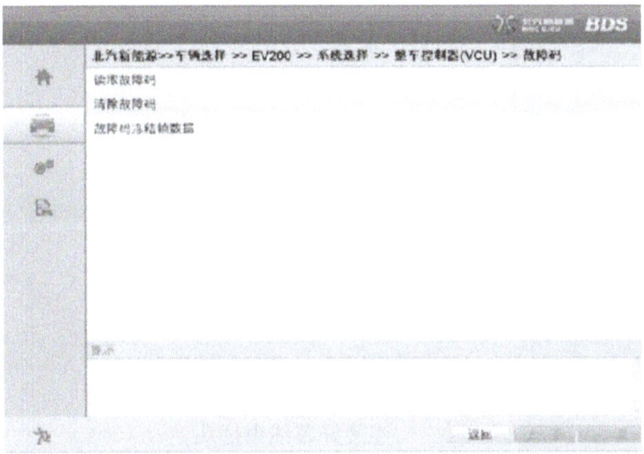

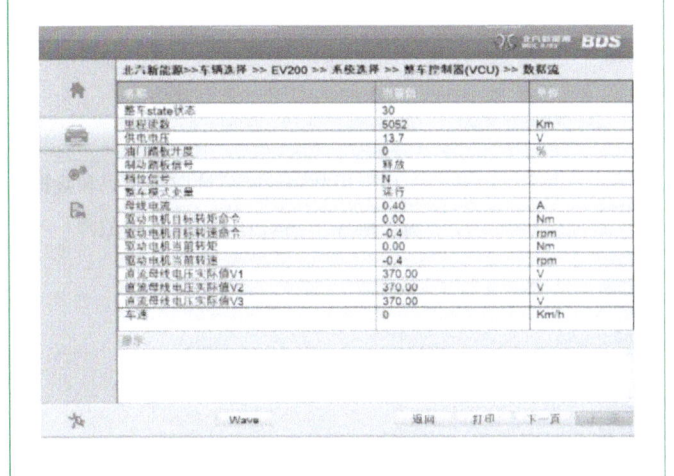

续表

3. 检查动力电池与其他控制元件的连接线 接高压盒端 B脚位：电源正极 A脚位：电源负极 C脚位：互锁线短接 D脚位：互锁线短接 接动力电池端 1脚：电源负极 2脚：电源正极 中间：互锁端子	（1）用万用表测量线束端的 12 V 是否导通 （2）检查 MSD（电池高压母线）是否松动，是否存在接触不良问题，重新插拔
4. 重新连接 BMS 线束	连接好各线束插头 注意事项：按照先后顺序将插件插回
5. 试车	用专用故障诊断仪读取故障码和数据流，确保车辆动力电池无任何故障

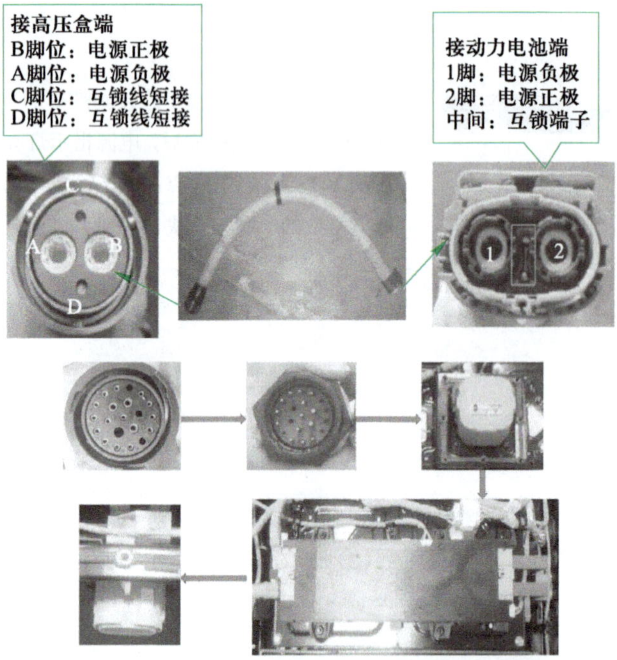

续表

6. 操作后整理现场	收拾车辆三件套，回位工具和设备，盖好引擎盖，撤走隔离带，交车后清洁工位

任务评价

学习任务评价表

班级：　　　　　小组：　　　　　学号：　　　　　姓名：

项目内容	主要测评项目	学生自评			
		A	B	C	D
关键能力总结	1. 遵守纪律，遵守学习场所管理规定，服从安排 2. 具有安全意识、责任意识和 5S 管理意识，注重节约、节能与环保 3. 学习态度积极主动，能按时参加安排的实习活动 4. 具有团队合作意识，注重沟通，能自主学习及相互协作 5. 仪容仪表符合学习活动要求				
专业知识与能力总结	1. 能正确说出电动汽车动力电池管理系统的采集内容，基本参数采集方法，动力电池的均衡管理和动力电池的电安全管理 2. 能通过查阅相关资料，教师演示，小组协作顺利完成使用诊断仪正确读取和分析新能源汽车电池管理系统的基本数据				
个人自评总结与建议					

续表

项目 内容	主要测评项目	学生自评			
		A	B	C	D
小组 评价					
教师 评价		总评成绩				

教师签字： 日期：

项目三

动力电池的充电系统

任务一 动力电池的充电

知识目标

1. 了解电动汽车动力电池充电技术及装置。
2. 掌握电动汽车动力电池常见的充电方式和方法。
3. 熟悉电动汽车动力电池常用充电设备的工作原理。
4. 掌握动力电池的充电注意事项。

能力目标

1. 能够正确选用充电方式。
2. 能够正确对电动汽车动力电池进行充电。

任务引入

一辆北汽 EV200 汽车长途行驶后,电量显示不足,需要充电,请按照要求对动力电池进行充电。

知识链接

3.1.1 电动汽车充电技术

电动汽车产业能否得到快速发展,充电技术是关键因素之一。智能、快速的充电方式成为电动汽车充电技术发展的趋势。

蓄电池充电装置是电动汽车不可缺少的系统之一,它的功能是将电网的电能转化为电动汽车车载蓄电池的电能。

1. 电动汽车对充电装置的要求

(1) 安全性。电动汽车充电时,要确保人员的人身安全和蓄电池组的安全。

(2) 使用方便。充电装置应具有较高的智能性,不需要操作人员过多干预充电过程。

(3) 成本经济。成本经济、价格低廉的充电设备有助于降低整个电动汽车的成本,提高运行效益,促进电动汽车的商业化推广。

(4) 效率高。高效率是对现代充电装置最重要的要求之一,效率的高低对整个电动汽车的能量效率具有重大影响。

（5）对供电电源污染要小。采用电力电子技术的充电设备是一种高度非线性的设备，会对供电网及其他用电设备产生有害的谐波污染，而且由于充电设备功率因数低，在充电系统负载增加时，对其供电网的影响也不容忽视。

2. 电动汽车充电装置的类型

电动汽车充电装置的分类有不同的方法。总体上可分为车载充电装置和非车载充电装置。

车载充电装置是指安装在电动汽车上的采用地面交流电网或车载电源对电池组进行充电的装置。如图 3-1-1 所示，车载充电装置包括车载充电机、车载充电发电机组和运行能量回收充电装置。它将一根带插头的交流动力电缆线直接插到电动汽车的插座中给电动汽车充电。车载充电装置通常是使用结构简单、控制方便的接触式充电器，也可以是感应充电器。它完全按照车载蓄电池的种类进行设计，针对性较强。

图 3-1-1　车载充电装置示意图

非车载充电装置，即地面充电装置，主要包括专用充电机、专用充电站、通用充电机、公共场所用充电站等，如图 3-1-2 所示。它可以满足各种电池的各种充电方式。通常非车载充电器的功率、体积和重量均比较大，以便能够适应各种充电方式。

另外，根据对电动汽车蓄电池充电时的能量装换的方式不同，充电装置可以分为接触式和感应式。

3. 电动汽车充电方法

电动汽车蓄电池充电方法主要有恒（定）流充电、恒（定）压充电和脉冲快速充电，可根据具体情况选择一种充电方法或几种方法的组合方法，现代智能型蓄电池充电器可设置不同的充电方法。

恒流充电是指充电过程中使充电电流保持不变的一种动力电池充电方法。恒流充电具有较大的适应性，容易将蓄电池完全充足，有益于延长蓄电池的寿命。缺点是在充电过程中，需要根据逐渐升高的蓄电池电动势调节充电电压，以保持电流不变，充电时间也较长。

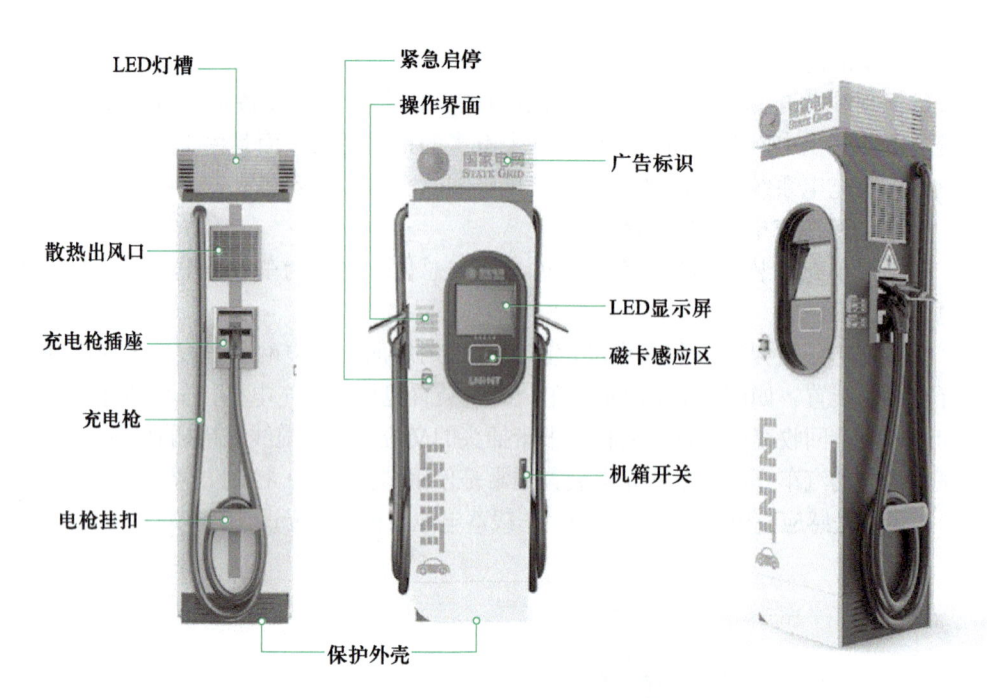

图 3-1-2　非车载充电装置示意图

恒流充电是一种标准的充电方法，有如下 4 种充电方法。

（1）涓流充电，即为补偿自放电，使蓄电池保持在近似完全充电状态的连续小电流充电，主要用来弥补电池在充满电后由于自放电而造成的容量损失。该方法对满充电的电池长期充电无害，但对完全放电的电池充电，电流太小。

（2）最小电流充电，是指在能使深度放电的电池有效恢复电池容量的前提下，把充电电流尽可能地调整到最小的方法。

（3）标准充电，即采用标准速率充电，充电时间为 14 h。

（4）高速率（快速）充电，即在 3 h 内就给蓄电池充满电的方法，这种充电方法需要自动控制电路保护电池不损坏。

恒压充电是指充电过程中保持充电电压不变的充电方法，充电电流随蓄电池电动势的升高而减小。合理的充电电压，应在蓄电池即将充足时使其充电电流趋于 0 A。如果电压过高，会造成充电初期充电电流过大和过充电；如果电压过低，则会使蓄电池充电不足。充电初期若充电电流过大，则应适当调低充电电压，待蓄电池电动势升高后再将充电电压调整到规定值。

恒压充电的优点是充电时间短，充电过程无需调整电压，较适合于补充充电。缺点是不容易将蓄电池完全充足，充电初期大电流对极板会有不利影响。

脉冲充电是先用脉冲电流对电池充电，然后让电池短时间、大脉冲放电，在整个充电过程中使电池反复充、放电。

4. 电动汽车充电方式

电动汽车充电方式主要有慢速充电方式、快速充电方式、无线充电方式、快换电池充电方式和移动式充电方式。

(1) 慢速充电方式

慢速充电方式如图 3-1-3 所示，一般以较小的交流电流进行充电，充电时间通常为 6 ～ 10 h，一般利用晚间进行充电。充电时可以采用晚间低谷电价，有利于降低充电成本。但是难以满足使用者紧急或者长距离行驶需求。慢充一般采用单相 220 V/16 A 交流电源。通过车载充电机对电动汽车进行充电，车载充电机可采用国标三口插座，基本不存在接口标准的问题。电动汽车慢充一般可直接在家用电的情况下和小型充电站进行充电。小型充电站如街边、超市、办公楼、停车场等处都安装有慢速充电桩。

图 3-1-3 慢速充电方式

(2) 快速充电方式

快速充电方式（图 3-1-4）以 150 ～ 400 A 的高充电电流在短时间内为蓄电池充电，其目的是在短时间内给电动汽车充满电。快速充电方式可以解决续航里程不足时电能补给问题，但是对电池寿命有影响，因电流较大，对技术、安全性要求也较高。快速充电方式的特点是高电压、大电流，充电时间短（约 1 h）。一般在大型充电站多采用这种充电方式。

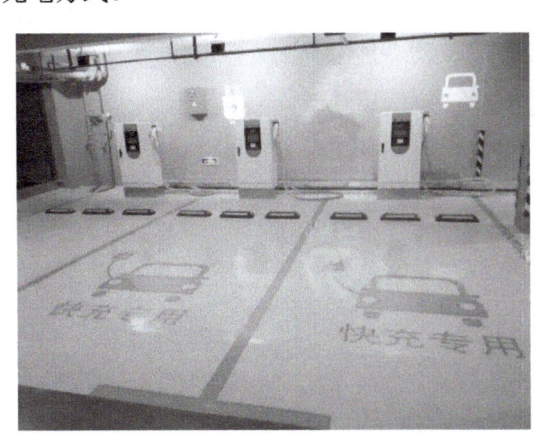

图 3-1-4 快速充电方式

(3) 快速换电池充电方式

快速换电池充电方式（图 3-1-5）是通过直接更换车载电池的方式补充电能，

即在动力电池电量耗尽时,用充满电的动力电池更换已经耗尽的动力电池。快换电池充电方式可以在充电站也可在专用换电站完成,一般由换电机器人完成。换电机器人将耗尽电量的动力电池换下后,放入充电架直接充电,然后将充满电的动力电池安装在电动汽车上,换电时间与燃油汽车加油时间相近,大约需要 5～10 min。这种方式的优点是电动汽车电池不需现场充电,更换电池时间较短,但要求电池的外形、容量等参数完全统一,同时,还要求电动汽车的构造设计能满足更换电池的方便性和快捷性。

图 3-1-5　快速换电池充电方式

（4）无线充电方式

电动汽车无线充电方式（图 3-1-6）是近几年国外的研究成果,其原理就像在车里使用的移动电话,将电能转换成一种符合现行技术标准要求的特殊的激光或微波束,在汽车顶上安装一个专用天线接收即可。有了无线充电技术,公路上行驶的电动汽车或双能源汽车可通过安装在电线杆或其他高层建筑上的发射器快速补充电能。电费将从汽车上安装的预付卡中扣除。

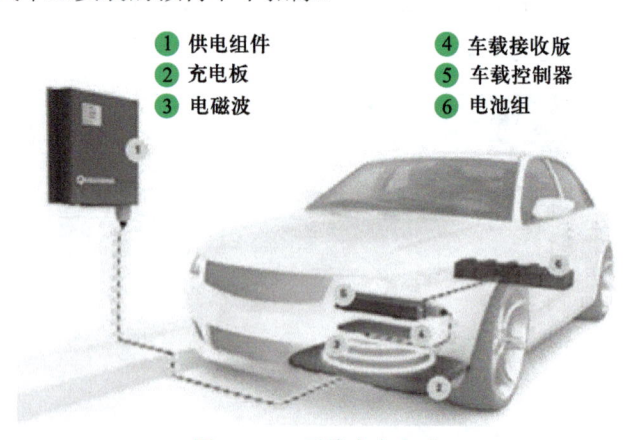

① 供电组件　　④ 车载接收版
② 充电板　　　⑤ 车载控制器
③ 电磁波　　　⑥ 电池组

图 3-1-6　无线充电方式

（5）移动式充电方式

对电动汽车蓄电池而言,最理想的情况是汽车在路上巡航时充电,即所谓的移动式充电（MAC,图 3-1-7）。这样,电动汽车用户就没有必要去寻找充电站、停放车辆并花费时间去充电了。MAC 系统埋设在一段路面之下，即充电区，不需要额外的空间。目前主要有接触式和感应式的 MAC 系统两种。对接触式的 MAC 系统而言，需要在车体的底部装一个接触拱，通过与嵌在路面上的充电元件相接触，接触拱便可获得瞬时高电流，当电动汽车巡航通过 MAC 区时，其充电过程为脉冲充电。对于感应式的 MAC 系统，车载式接触拱由感应线圈所取代，嵌在路面上的充电元件由可产生强磁场的高电流绕组所取代。由于机械损耗和接触拱的安装位置等因素的影响，接触式的 MAC 应用前景不大。

图 3-1-7　移动式充电方式

3.1.2　电动汽车常用充电设备

电动汽车常用充电设备主要是充电桩，有公共充电桩、专用充电桩、家用充电桩、插座充电。公共充电桩主要是按照标准协议设计的充电装置，专用充电桩是按照某一品牌充电要求设计的专供该车型充电的装置，家用充电桩是专门为方便车主在家里充电的装置，插座充电就是普通的家用插座（但必须符合额定电流和功率的要求）。

按照充电方式分为常规充电（俗称慢充）及快速充电（俗称快充）两种方式。

1. 充电桩实物

（1）快速充电桩

快速充电桩即直流充电桩，是指采用直流充电模式为电动汽车动力电池总成进行充电的充电机。直流充电模式是以充电机输出的可控直流电源直接对动力电池总成进行充电的模式。直流充电桩输入为额定电压 380 V（1±10%），(50±1) Hz 的三相交流电。三相四线制，可提供足够大的功率（60 kW、120 kW、200 kW 甚至更高），输出的电压和电流调整范围大，可实现快充，一般安装在高速公路旁的充电站，如图 3-1-8 所示。

快速充电桩的工作原理如图 3-1-9 所示

图 3-1-8　快速充电桩安装实物图

示，左边是非车载充电机（即直流充电桩），右边是电动汽车，二者通过车辆插座相连，中间是通过充电线连接的充电接口。

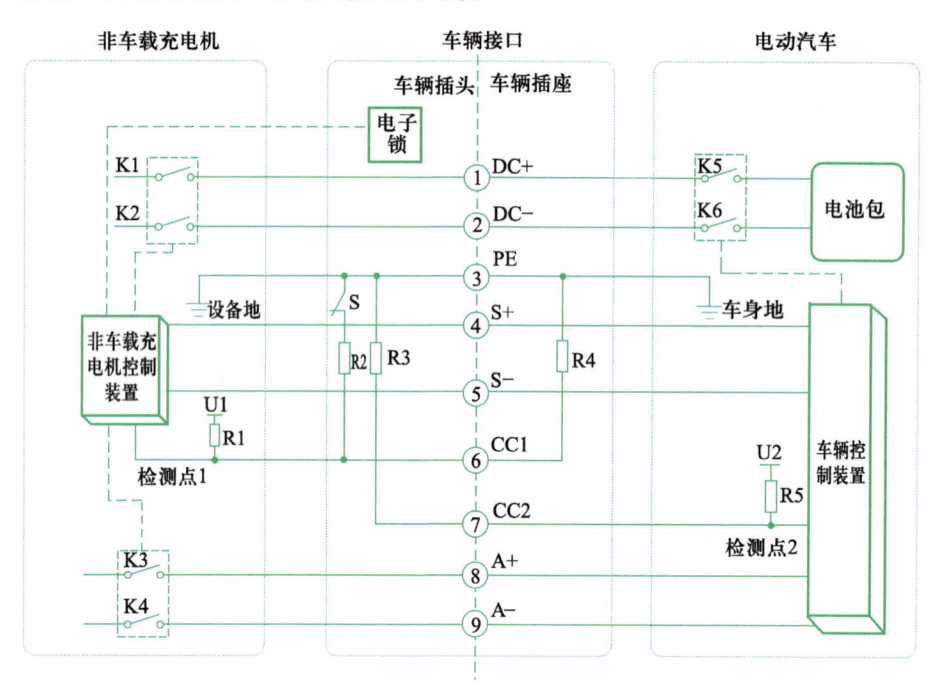

图 3-1-9 快速充电桩的工作原理图

快速充电分为五个阶段，即车辆接口连接确认阶段、直流充电桩自检阶段、充电准备就绪阶段、充电阶段、充电结束阶段。

车辆接口连接确认阶段如图 3-1-10 所示，当按下枪头按键时，插入车辆插座，再放开枪头按键。充电桩的检测点 1 将检测到 12 V-6 V-4 V 的电平变化。一旦检测到 4 V，充电桩将判断充电枪插入成功，车辆接口完全连接，并将充电枪中的电子锁进行锁定，防止枪头脱落。

直流充电桩自检阶段如图 3-1-11 所示，在车辆接口完全连接后，充电桩将闭合 K3、K4，使低压辅助供电回路导通，为电动汽车控制装置供电（有的车辆不需要供电。车辆得到供电后，将根据监测点 2 的电压判断车辆接口是否连接，若电压值为 6 V，则车辆装置开始周期发送通信握手报文），接着闭合 K1、K2，进行绝缘检测。所谓绝缘检测，即检测 DC 线路的绝缘性能，保证后续充电过程的安全性。绝缘检测结束后，将投入泄放回路泄放能量，并断开 K1、K2，同时开始周期发送通信握手报文。

充电准备就绪阶段如图 3-1-12 所示，该阶段是电动汽车与直流充电桩相互配置的阶段，车辆控制 K5、K6 闭合，使充电回路导通，充电桩检测到车辆端电池电压正常（电压与通信报文描述的电池电压误差 ≤ ±5%，且在充电桩输出最大、最小电压的范围内）后闭合 K1、K2，那么直流充电线路导通，电动汽车就准备开始充电了。

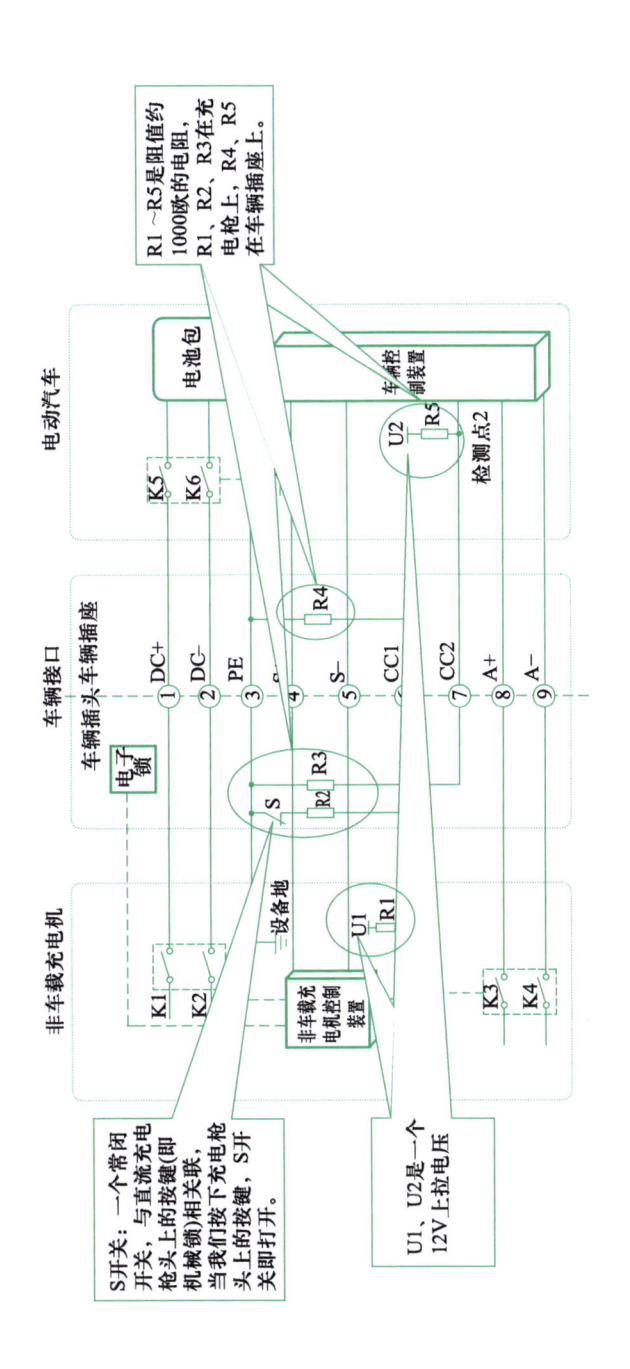

图 3-1-10 车辆接口连接确认阶段工作原理图

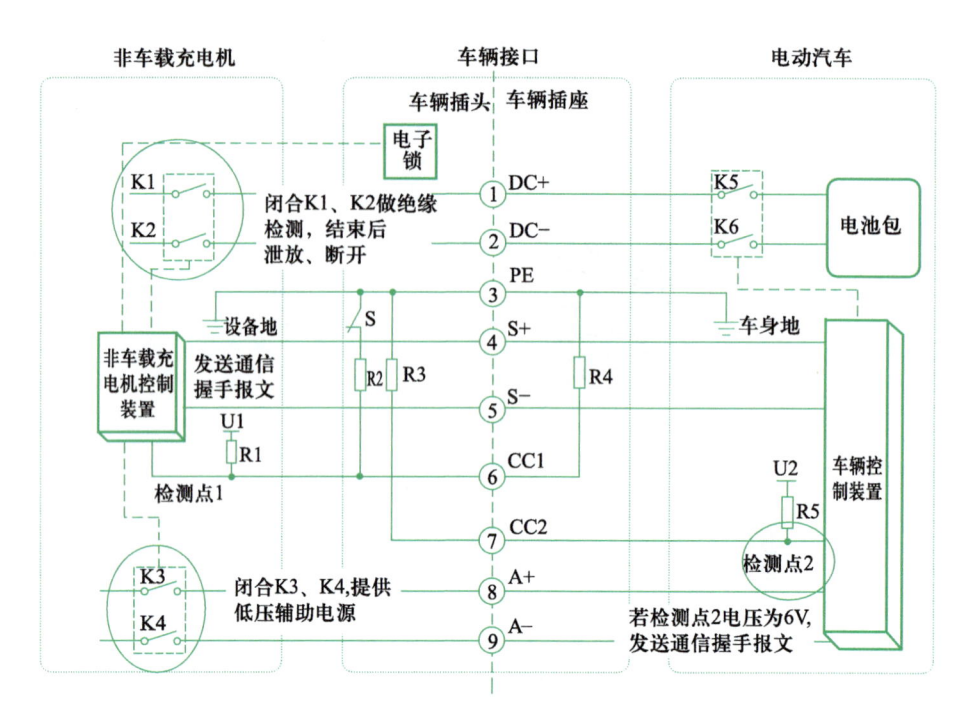

图 3-1-11　直流充电桩自检阶段工作原理图

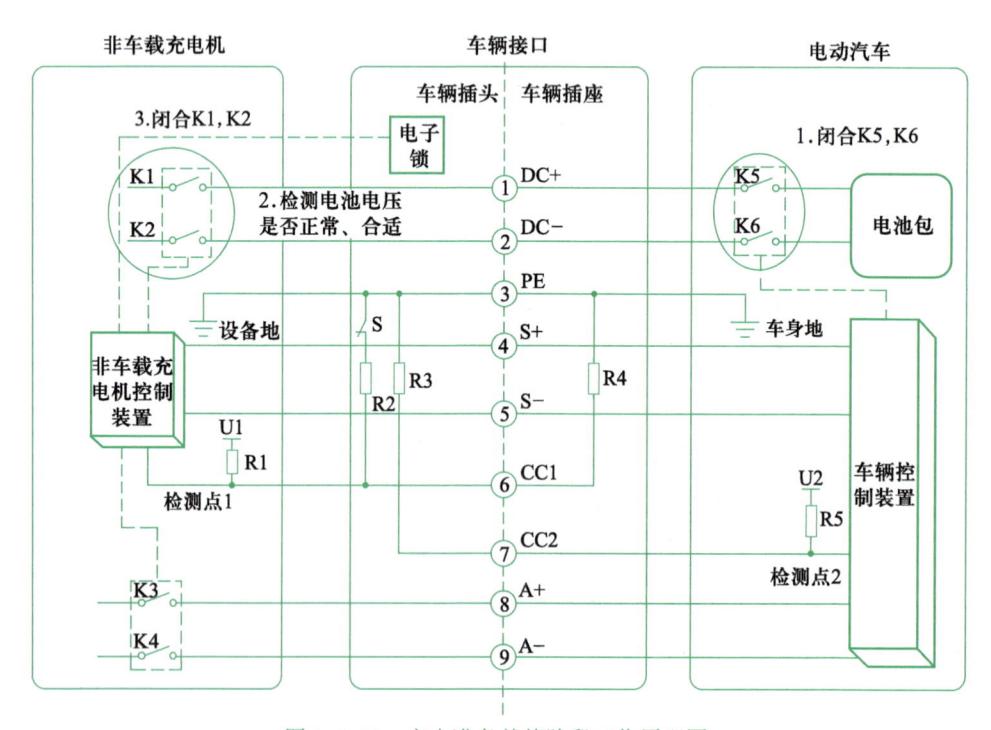

图 3-1-12　充电准备就绪阶段工作原理图

充电阶段如图 3-1-13 所示。在该阶段，车辆向充电桩实时发送电池充电需求的参数，充电桩会根据该参数实时调整充电电压和电流，并相互发送各自的状态信息（充电桩输出电压、电流，车辆电池电压、电流、SOC 等）。

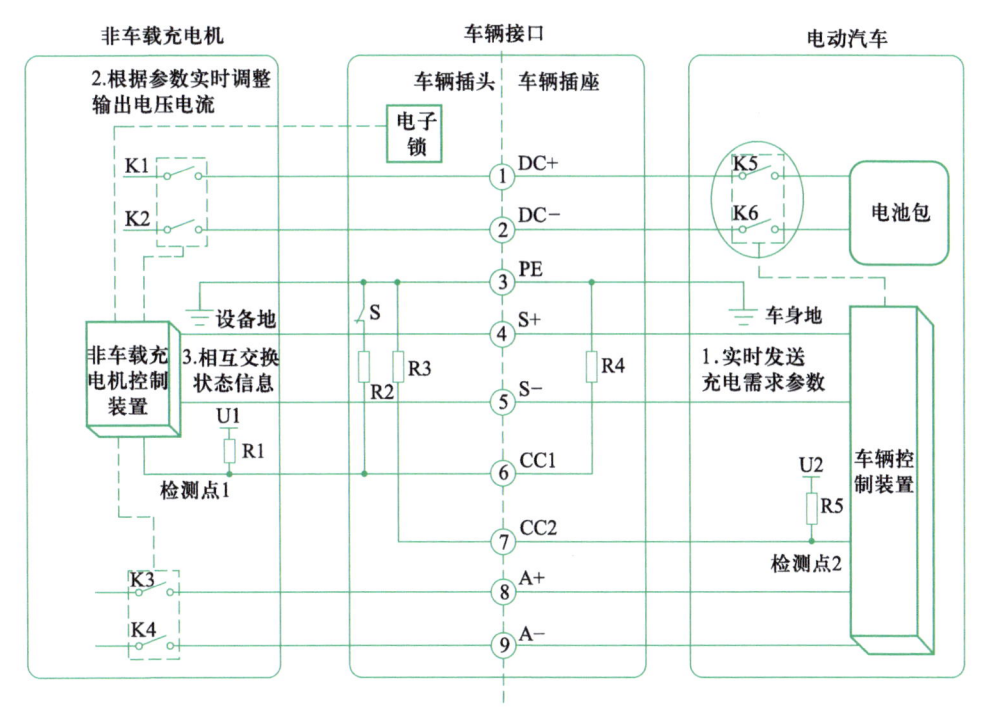

图 3-1-13　充电阶段工作原理图

充电结束阶段如图 3-1-14 所示。在该阶段，车辆会根据 BMS 是否达到充满状态或是否收到充电桩发来的"充电桩中止充电报文"来判断是否结束充电。满足以上充电结束条件，车辆会发送"车辆中止充电报文"，在确认充电电流小于 5 A 后断开 K5、K6。充电桩在达到操作人员设定的充电结束条件，或者收到汽车发来的"车辆中止充电报文"，会发送"充电桩中止充电报文"，并控制充电桩停止充电，在确认充电电流小于 5 A 后断开 K1、K2，并再次投入泄放电路，然后再断开 K3、K4。

（2）慢速充电桩

慢速充电桩即为交流充电桩，是指采用交流充电模式为电动汽车动力蓄电池总成进行充电的充电设备。交流充电模式是以三相或单相交流电源，通过车载充电机的整流变换，将交流电变换为高压直流电给动力电池进行供电。交流充电模式的特征是充电机为车载充电机。对于功率 ≤ 5 kW 的交流充电机，输入为额定电压 220 V（1±10%）、（50±1）Hz 的单相交流电。对于功率 > 5 kW 的交流充电机，输入为额定电压 380 V（1±10%）、（50±1）Hz 的三相交流电。

慢速充电桩即一般的常规充电模式（慢充），外形分为落地式（图 3-1-15）和壁挂式（图 3-1-16）。交流充电桩输出单相/三相交流电，通过车载充电机转换成

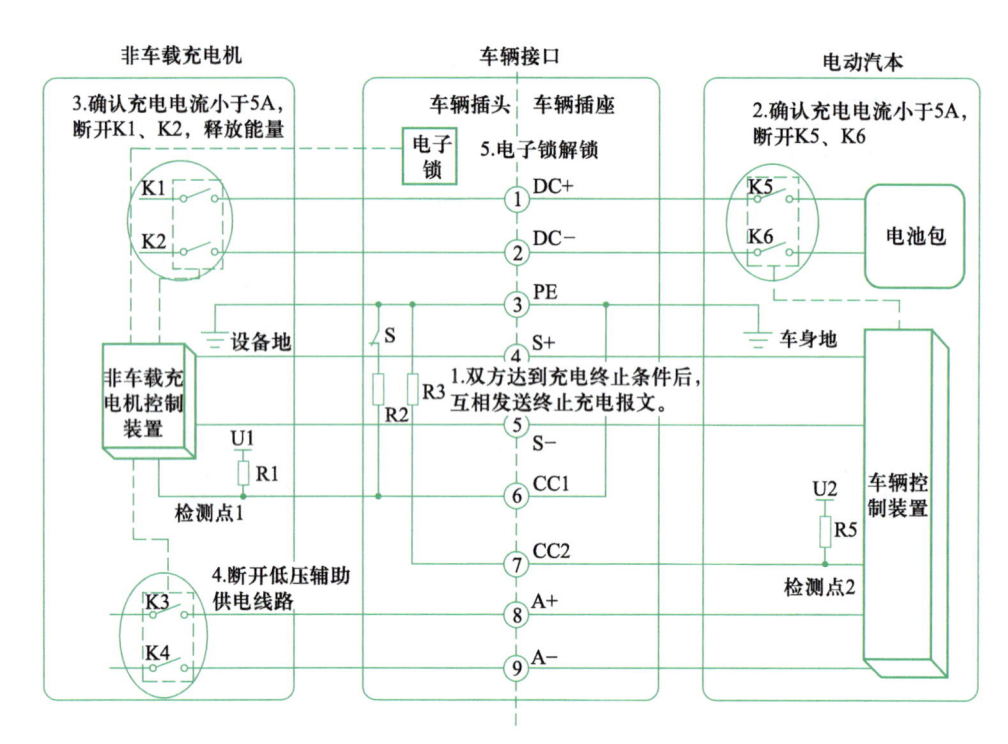

图 3-1-14 充电结束阶段工作原理图

直流电给车载电池充电，功率较小，充电速度较慢，一般安装在小区、停车场等地。充电桩的交流工作电压为 220 V（1±15%），额定输入功率为 3.5～7 kW，充满电需要 8 h 左右，造价低廉，安装普遍。

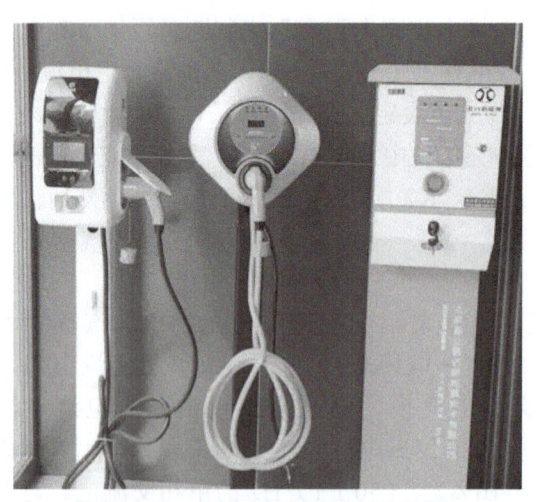

图 3-1-15 落地式慢速充电桩实物图 　　图 3-1-16 壁挂式慢速充电桩实物图

交流充电桩的工作原理如图 3-1-17 所示，在确认与电动汽车的连接状态和可提供的最大工作电流参数后，向车载充电机提供交流电，在确认充满电后，断开交流电。在充电期间，实现电能计量和安全监测等，充电结束后，实现电费结算和数据记录等。

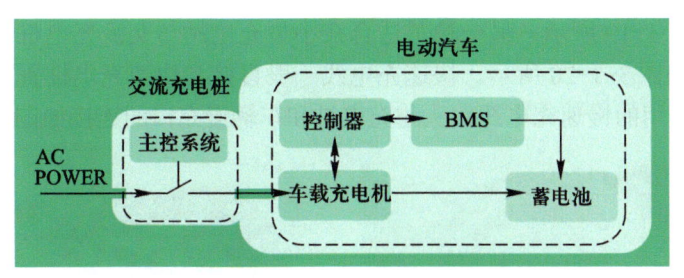

图 3-1-17 快速充电桩工作原理

快速充电桩与慢速充电桩的区别主要有如下三方面。
1）外观
快速充电桩体型比较粗犷（由于内部有一定数量的 AC-DC 电源模块，功率越高，模块数量越多，桩体越大），慢速充电桩比较小。
2）充电接口
充电枪头（充电线路）不一样，直流充电桩是 9 线插头，交流充电桩是 7 线插头。
3）充电电流和充电功率
快充的快是由于充电电压、电流不同造成的，电流越大充电越快，当快要充满时，改用恒压，这样可以防止电池过充，也能够达到保护电池的作用。快速充电会使用较大的电流和功率，会对电池组寿命产生一定的影响。快充还需要配套设备，比如转换交流/直流电，这样成本也会上升。慢充的充电电流和功率都相对较小，对电池寿命影响小，而且用电低峰时充电成本低。

2. 充电接口及其位置

一般电动汽车都会设计两个充电接口，即快充接口和慢充接口。快充接口位置（直流充电）一般在前车标下，为快速充电站设计，单次充电一般需 1 h 左右。慢充接口位置（交流充电）一般在以前燃油车的油箱盖加油口处，如图 3-1-18 所示。

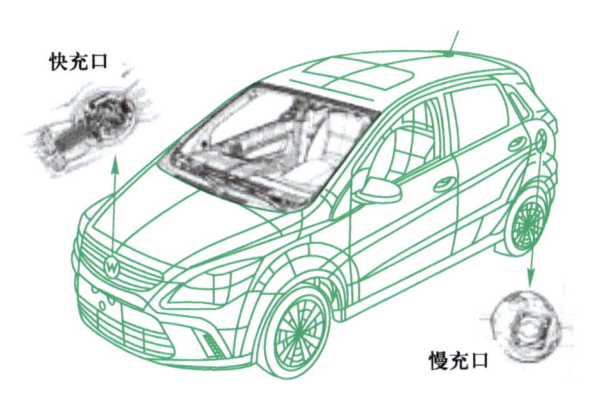

图 3-1-18 电动汽车充电接口位置

3. 充电线

随车配置的充电线主要有两种，一种是适合在家里充电使用的家用交流慢速充电线，如图 3-1-19 所示；另一种是适合在小型充电站与交流充电桩配合使用的慢速充电线，如图 3-1-20 所示。快速充电线一般直接与快速充电桩置于一体。交流充电桩配合使用的慢速充电线接头与充电桩和车辆慢充口的连接如图 3-1-21 所示。

微课
EV160/200 随车充电线的检测

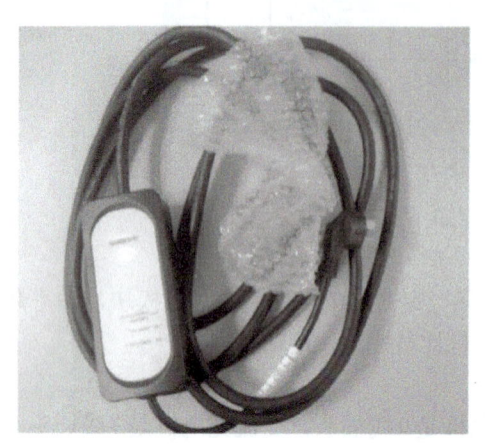

图 3-1-19　家用交流慢速充电线

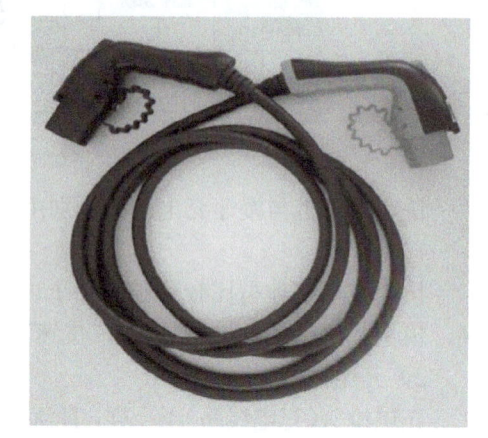

图 3-1-20　交流充电桩慢速充电线

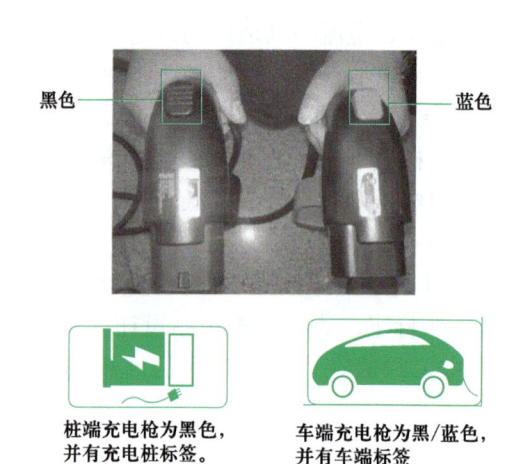

黑色　　　蓝色

桩端充电枪为黑色，并有充电桩标签。

车端充电枪为黑/蓝色，并有车端标签

图 3-1-21　交流充电桩慢速充电线接头连接标记

3.1.3　动力电池的充电注意事项

1. 充电安全警告

（1）请选择在相对较安全的环境下充电，如避免有液体、火源等环境。

（2）不要修改或者拆卸充电设备及相关端口，这样可能导致充电故障，引起火灾。

（3）充电前请确保车辆、供电设备和充电连接装置的充电端口内没有水或外来物，金属端子没有生锈或者腐蚀造成的破坏或者影响。因为不正常的端子连接可能导致短路或电击，威胁生命安全。

（4）如果在充电时发现车里散发出一种不同寻常的气味或者冒烟，请立即停止充电。

（5）为了避免造成严重的人身伤害，车辆正在充电时，不要接触充电端口，当有闪电时，不要给车辆充电或触摸车辆，闪电击中可能导致充电设备损坏，引起人身伤害。

（6）充电结束后，不要用湿手或站在水里去断开充电连接装置，否则可能引起电击，造成人身伤害。

（7）车辆行驶前请确保充电连接装置从车辆充电口断开，如果连接充电装置，整车不能正常行驶。

（8）雨天情况下，如果有遮雨棚，不建议进行充电动作；如果没有遮雨棚，为防止线路短路不允许进行充电工作。

2. 充电注意事项

当组合仪表中的电量表指针指向表盘中的红色区域时，表示动力电池电量低，需要尽快充电。一般不要在电量完全耗尽后再进行充电，否则会影响动力电池的使用寿命。

不要将车辆搁置在超过 55℃ 以上或低于 -25℃ 环境下超过一天。交流充电时，当电池温度高于 50℃ 或低于 -20℃ 时，或直流充电时，当电池温度高于 55℃ 或低于 -10℃ 时，车辆将不能正常充电，需做电池降温或保温处理。当环境温度低于 0℃ 时，充电时间要比正常时间长，充电能力较低。

动力电池在搁置过程中会发生自放电现象，用户在搁置动力电池时，要确保动力电池处于半电状态（50%～60%）。搁置动力电池的时间不要太长，最多不要超过 3 个月。不要在动力电池电量低（SOC 约 10%～20%）的情况下停放超过 7 天。

电动汽车长期不使用时，最好每隔一个月进行一次慢充充电保养。电动汽车长期停放后的首次使用前需进行均衡充电，充电时间需在 8 h 的基础上适当延长以完成充电均衡。

当车辆需要在短时间内快速补电，并在有快速充电桩的条件下，可以对车辆进行快速充电。快速充电可以在短时间内将电池包进行快速的补电。尽量避免频繁使用快速充电，频繁快速充电可能会对动力电池组的性能造成一定影响。

家用交流充电用电源插座，应使用 220 V、50 Hz、16 A 的专用交流电路和电源插座（空调插座），不允许使用外接转换接头、插线板等，且应确保 16 A 电源插座接地良好。专用交流电路是为了避免线路破坏或者由于给动力电池充电时的大功率导致线路跳闸保护，如果没有使用专用线路，可能影响线路上其他设备的正常工作。

停止充电时应先断开交流充电连接装置的车辆插头，再断开电源端供电插头。

为了避免对充电设备造成破坏，禁止如下操作：禁止在充电插座塑料口盖打开的状态下关闭充电口盖板，禁止用力拉或者扭转充电电缆，禁止使充电设备承受撞击，禁止把充电设备放在靠近加热器或其他热源处。

任务实施

1. 工作准备

车辆、台架、总成：北汽 EV150。

专用工具、设备：充电设备、充电桩。

手工工具：绝缘拆装组合工具。

辅助材料：抹布、警示标示和设备。

2. 实施步骤

以北汽 EV150 型汽车为例，介绍动力电池充电流程和规范，实施步骤见表 3-1-1。

表 3-1-1 北汽 EV150 动力电池充电流程

步骤	说明
1. 充电前的准备	将车辆停至指定充电地点，关闭点火开关，将点火钥匙取下，打开行李舱盖，取出充电线
2. 充电前的检查	检查充电设备有没有刮破、生锈、破裂，检查充电口、电缆、控制盒、电线以及插头表面有没有破损等异常情况，如有，立即维修或更换；检查插座表面是否有损坏、生锈、破裂或接触不实，若有，严禁充电；用干燥、清洁的布擦拭插头，确保充电插头干爽、干净

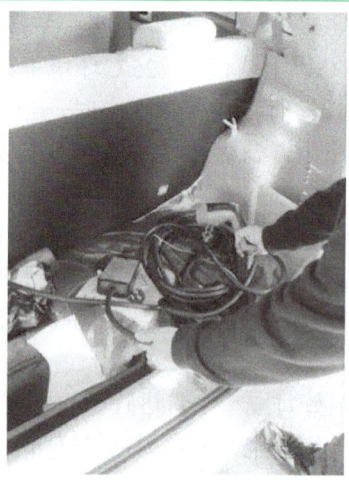

续表

3. 充电设备的连接	
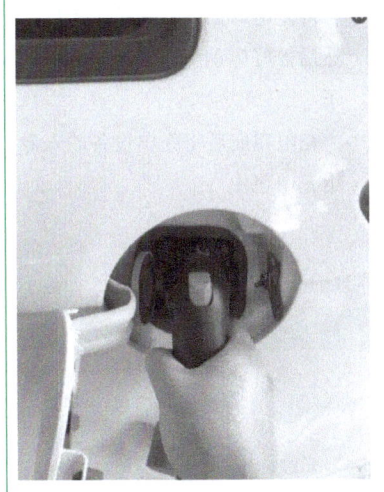 	打开充电口盖板和充电座防尘盖，确认充电座防尘盖和充电枪枪口颜色一致；将车端充电枪与车身上的充电座良好相连，直到听到"咔"的响声；将供电端（桩端）充电枪与充电桩上的充电座良好连接
4. 开始充电	
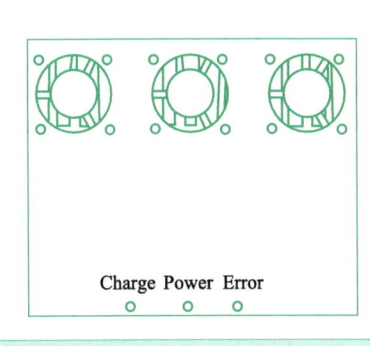 	Power 灯，电源指示灯，当接通交流电后，电源指示灯亮起 Charge 灯，当充电机接通电池进入充电状态后，充电指示灯亮起 Error 灯，报警指示灯，当充电机内部有故障时亮起 充电正常时，Power 灯和 Charge 灯点亮 当车辆充电启动半分钟后仍只有 Power 灯亮时，有可能为电池无充电请求或已充满
5. 停止充电	
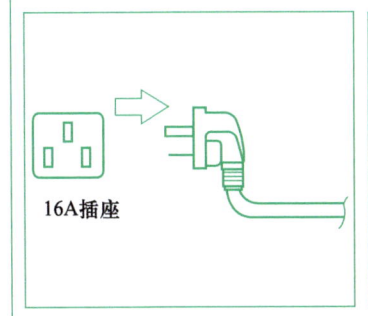 	按住锁止按钮，将充电插头从充电插座中拔出 从充电口拔出充电插头，拔出时请不要拉扯电线

续表

| 6. 收拾工具 | | 将充电口插座的保护盖盖住，然后盖好电动汽车充电口外部盖子
充电完成后将充电设备放入专用充电包中 |

任务评价

学习任务评价表

班级：　　　　　　小组：　　　　　　学号：　　　　　　姓名：

项目内容	主要测评项目	学生自评			
		A	B	C	D
关键能力总结	1. 遵守纪律，遵守学习场所管理规定，服从安排 2. 具有安全意识、责任意识和 5S 管理意识，注重节约、节能与环保 3. 学习态度积极主动，能按时参加安排的实习活动 4. 具有团队合作意识，注重沟通，能自主学习及相互协作 5. 仪容仪表符合学习活动要求				
专业知识与能力总结	1. 能正确说出电动汽车动力电池充电技术及装置、常见的充电方式和方法、常用充电设备的工作原理以及充电注意事项 2. 能查阅相关资料，顺利完成电动汽车动力电池的充电，包括家用交流慢充、交流充电桩慢充、直流充电桩快充				
个人自评总结与建议					
小组评价					

续表

项目 内容	主要测评项目	学生自评			
		A	B	C	D
教师评价		总评成绩			

教师签字：　　　　　　日期：

任务二　电动汽车充电系统的维护

▶ 知识目标

1. 了解电动汽车充电系统的组成及工作原理。
2. 熟悉北汽 EV200 电动汽车充电系统各部件的工作特点。

▶ 能力目标

1. 能够正确认识电动汽车充电系统各部件及连接情况。
2. 掌握电动汽车充电系统维护的主要作业内容。
3. 能够正确对电动汽车充电系统进行维护。

任务引入

一辆北汽 EV200 电动汽车行驶了 2 000 km，需要进行 B 级保养，请按照维修手册的要求对其动力电池充电系统进行维护。

知识链接

3.2.1　电动汽车充电系统概述

电动汽车充电系统主要包含外部的充电桩、充电线和充电枪，还有纯电动汽车内部的车载充电机、高压控制盒、动力电池和 DC/DC 变换器等，其框架结构如图 3-2-1 所示。

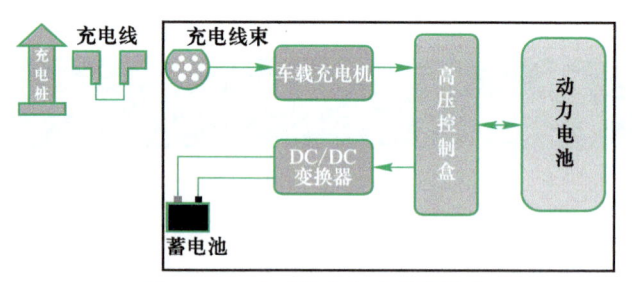

图 3-2-1　电动汽车充电系统组成

车载充电机又称交流充电机，安装于电动汽车上，通过插座和电缆与交流插座连接，以三相或单相交流电源向电动汽车提供充电电源。车载充电机的优点是不管车载蓄电池在任何时候、任何地方需要充电，只要有充电机额定电压的交流插座，就可以对电动汽车进行充电。车载充电机的缺点是受电动汽车的空间限制，功率较小，输出充电电流小，蓄电池充电的时间较长。车载充电机与充电电源连接有 3 种形式，分别如图 3-2-2、图 3-2-3 和图 3-2-4 所示。

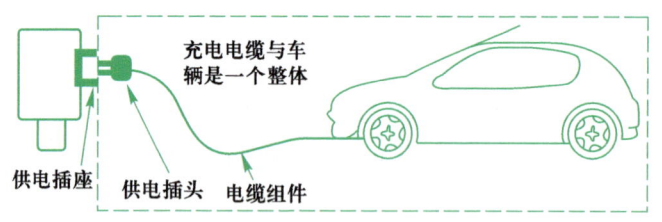

图 3-2-2　充电电缆与车辆构成一个整体，与充电插座分开示意图

图 3-2-3　充电电缆与车辆和充电插座均分开示意图

图 3-2-4　充电电缆与车辆分开，与充电插座构成整体示意图

DC/DC 变换器（图 3-2-5）是将一种直流电变换为另一种直流电的装置，主要对电压、电流实现变换，它在电动汽车中起着能量转换和传递的作用。DC/DC 变换器分为单向 DC/DC 和双向 DC/DC。单向 DC/DC 的能量只能单向流动，而双向 DC/DC 指保持变换器两端的直流电压极性不变的前提下，根据需要改变电流的

方向，从而实现能量双向流动的直流－直流变换器。双向 DC/DC 可以实现能量回收，其应用空间更加广阔。

图 3-2-5　DC/DC 变换器结构图

高压控制盒（图 3-2-6）是整车高压电的一个电源分配的装置，类似于低压电路系统中的电器熔断器，高压熔断器 PDU（图 3-2-6）是由很多高压继电器、高压熔丝组成，它内部还有相关的芯片，以便同相关模块实现信号通信，确保整车高压用电安全。

微课
高压控制盒检修

图 3-2-6　高压熔断器结构图

3.2.2　北汽 EV200 充电系统概述

北汽 EV200 电动汽车充电系统是典型的传导式充电系统，主要分为慢速充电系统和快速充电系统。其中慢速充电系统（图 3-2-7）比快速充电系统（图 3-2-8）增加了一个车载充电机，主要是方便车辆在没有快速充电桩的情况下对动力电池充电。

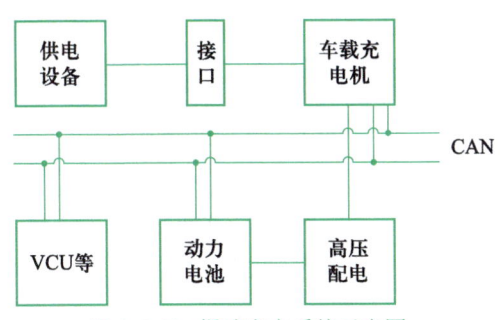

图 3-2-7　慢速充电系统示意图 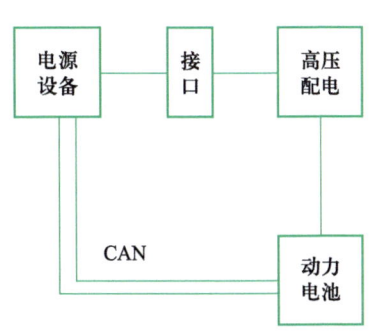　　　图 3-2-8　快速充电系统示意图

北汽 EV200 电动汽车的慢速充电系统中的主要部件有车载充电机、高压配电盒、DC/DC 变换器和高压线束等。

车载充电机将 220 V 交流电转换为动力电池的直流电，实现电池电量的补给。车载充电机共有 3 个接口，分别为交流输入端、直流输出端、低压通信端，交流输入端主要与慢充充电口连接，直流输出端主要与动力电池连接，低压通信端主要与低压电池连接，同时还与控制系统进行通信。车载充电机结构如图 3-2-9 所示。

车载充电机各针脚的连接情况如图 3-2-10 所示，1、2、3、C*、A*5 个针脚分别组成高压输入端，其中 1 号接交流电源火线（L）、2 号接交流电源零线（N）、3 号车身搭铁，C* 为充电连接确认线，A* 为充电控制确认线。A8、A11、A13、A5、A9、A1、A2 针脚构成低压通信端，其中 A8、A2 脚为车载充电机搭铁线，A1、A9 分别为 CAN-L 线和 CAN-H 线，A5 为互锁输出端（到高压盒低压插件），A13 为互锁输入端（到空调压缩机低压插件），A11 为充电连接确认信号输出（至 VCU），A15、A16 分别为慢充唤醒信号线和电源正极（常电）。

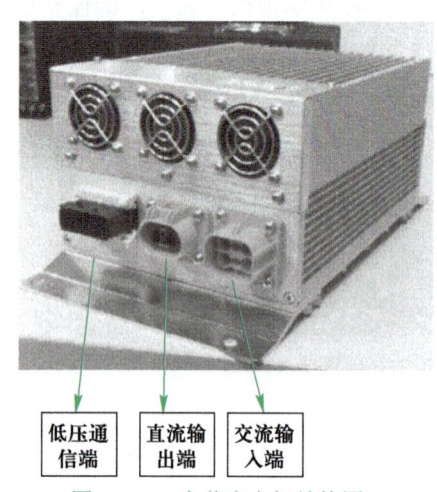

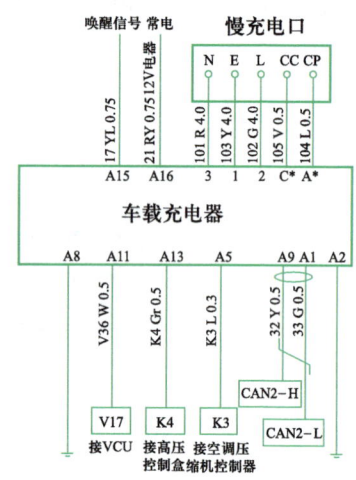

图 3-2-9　车载充电机结构图　　图 3-2-10　车载充电机接口各针脚定义

车载充电机相对于传统工业电源，具有效率高、体积小、耐受恶劣工作环境等特点。车载充电机工作过程中需要协调充电桩、BMS 等部件。该车载充电机的参数见表 3-2-1。

表 3-2-1　车载充电机的参数

项目	参数
输入电压	220 V（1±15%）AC
输出电压	（240～410）V DC
效率	满载大于 90%
冷却方式	风冷
防护等级	IP66

车载充电机工作流程依次为交流供电、低压唤醒整车控制系统，BMS 检测充电需求，BMS 给车载充电机发送工作指令并闭合继电器，车载充电机开始充电，电池检测充电完成后给车载充电机发送停止指令，车载充电机停止工作，电池断开继电器。

DC/DC 变换器是将动力电池的高压直流电转换为整车低压 12 V 直流电，给整车低压用电系统供电及动力电池充电。DC/DC 变换器如图 3-2-11 所示，有 4 个接口，分别为高压输入端、低压控制端、低压输出正极、低压输出负极。DC/DC 变换器各针脚定义见表 3-2-2。

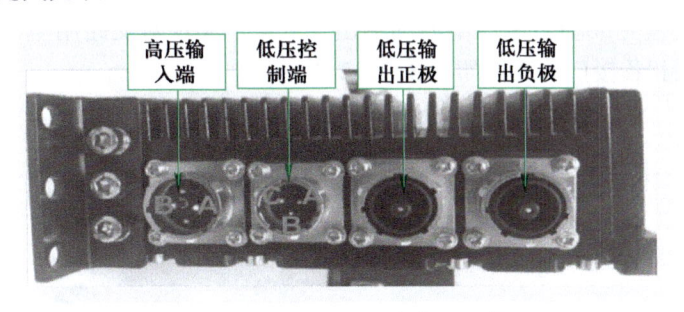

图 3-2-11 DC/DC 变换器结构

表 3-2-2 各针脚定义

高压输入端	低压控制端
A 脚：电源负极	A 脚：控制电路电源（直流 12 V 启动，0～1 V 关机）
B 脚：电源正极	B 脚：电源状态信号输出（故障：12 V 高电平，正常：低电平）
中间为高压互锁短接端子	C 脚：控制电路电源

DC/DC 变换器相当于传统汽车的发电机，将动力电池的高压电转为低压电给蓄电池及低压系统供电，具有效率高、体积小、耐受恶劣工作环境等特点。其工作参数见表 3-2-3。

表 3-2-3 DC/DC 变换器工作参数

项目	参数
输入电压	240～410 V DC
输出电压	14 V DC
效率	峰值大于 88%
冷却方式	风冷
防护等级	IP67

DC/DC 变换器工作流程依次为整车 ON 挡上电或充电唤醒上电、动力电池完成高压系统预充电流程、VCU 发给 DC/DC 变换器使能信号、DC/DC 变换器开始

工作。

DC/DC 的工作条件：（1）高压输入范围为 DC（290～420）V；（2）低压使能输入范围为 DC（9～14）V。

判断 DC/DC 是否工作的方法如下。

第一步，保证整车线束正常连接的情况下，上电前使用万用表测量铅酸电池端电压，并记录。

第二步，整车上 ON 电，继续读取万用表数值，查看变化情况，如果数值在 13.8～14 V 之间，判断为 DC 工作。

高压控制盒完成动力电池电源的输出及分配，实现对支路用电器的保护及切断，其实物图和各接口的连接如图 3-2-12 所示。

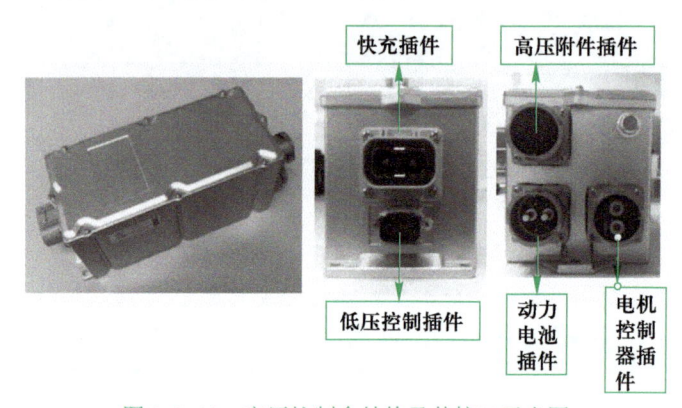

图 3-2-12　高压控制盒结构及其接口示意图

高压控制盒内部结构如图 3-2-13 所示，主要包括四个熔断器、快充继电器和 PTC 控制板组成。4 个熔断器如图 3-2-14 所示，分别为 PTC 熔断器、空调压缩机熔断器、DC/DC 熔断器和车载充电机熔断器。

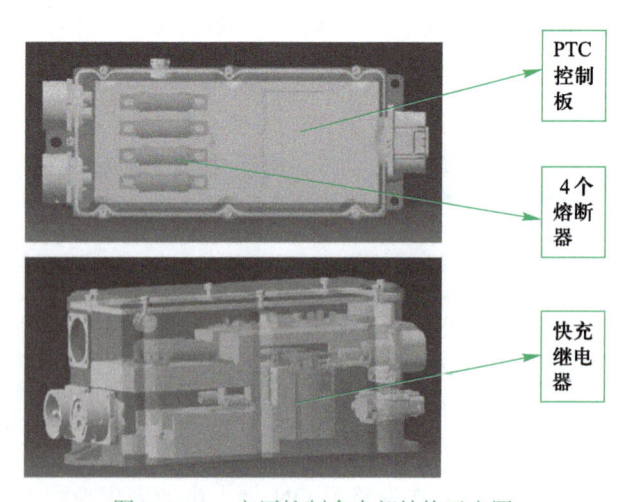

图 3-2-13　高压控制盒内部结构示意图

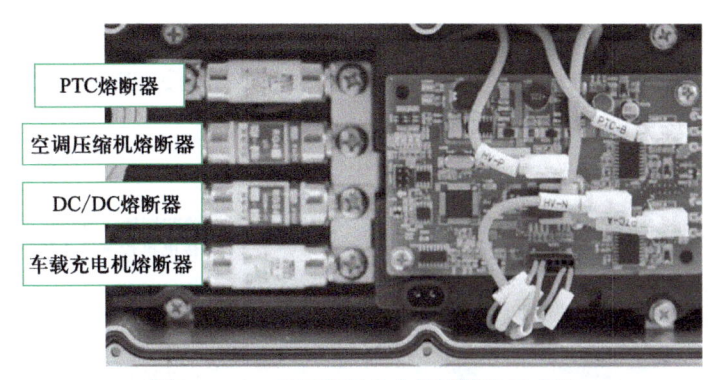

图 3-2-14　高压控制盒内部熔断器示意图

整车高压线束共分为 5 段，如图 3-2-15 所示，包括动力电池高压电缆、电机控制器电缆、快充线束、慢充线束、高压附件线束。动力电池高压电缆是连接动力电池到高压盒之间的线缆，电机控制器电缆是连接高压盒到电机控制器之间的线缆，快充线束是连接快充口到高压盒之间的线束，慢充线束是连接慢充口到车载充电机之间的线束，高压附件线束（高压线束总成）包括连接高压盒到 DC/DC、车载充电机、空调压缩机、空调 PTC 之间的线束。

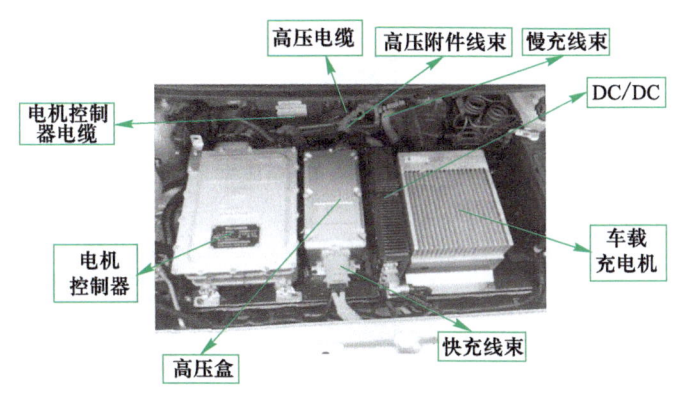

图 3-2-15　整车高压线束位置图

动力电池高压电缆两端分别接高压盒和动力电池，如图 3-2-16 所示。接高压盒端有 4 个针脚，B 脚位为电源正极，A 脚位为电源负极，C 脚位为互锁线短接，D 脚位为互锁线短接。接动力电池端有 2 个针脚，1 脚为电源负极，2 脚为电源正极。

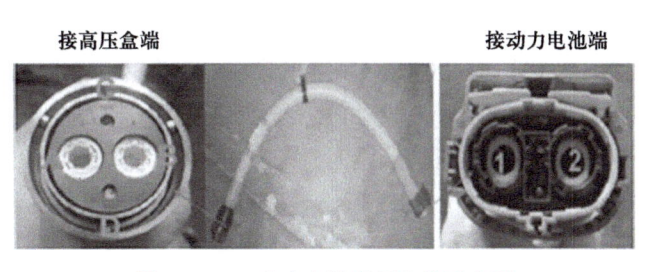

图 3-2-16　动力电池高压电缆示意图

电机控制器电缆如图 3-2-17 所示，其中一端接高压盒端，有 4 个针脚，B 脚位为电源正极，A 脚位为电源负极，C 脚位为互锁线短接，D 脚位为互锁线短接。另外一端分别接电机控制器正极和负极。

图 3-2-17　电机控制器电缆示意图

快充线束各端口连接如图 3-2-18 所示，分别为接快充口端、低压线束端、车身搭铁端、接高压盒端。低压线束端中，1 脚为 A-（低压辅助电源负极），2 脚为 A+（低压辅助电源正极），3 脚为 CC2（充电连接器确认），4 脚为 S+（充电通信 CAN—H），5 脚为 S-（充电通信 CAN—L）。高压盒端 1 脚为电源负极，2 脚为电源正极，中间为互锁端子。

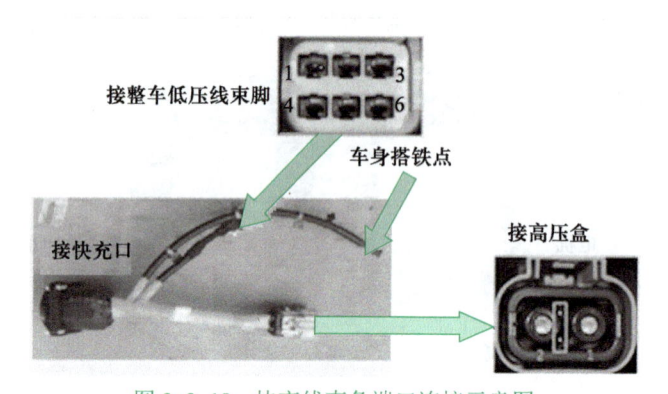

图 3-2-18　快充线束各端口连接示意图

快充口各针脚如图 3-2-19 所示，分别为接快充口端、低压线束端、车身搭铁端、接高压盒端。低压线束端中，1 脚为 A-（低压辅助电源负极），2 脚为 A+（低压辅助电源正极），3 脚为 CC2（充电插接器确认），4 脚为 S+（充电通信 CAN—H），5 脚为 S-（充电通信 CAN—L）。高压盒端 1 脚为电源负极，2 脚为电源正极，中间为互锁端子。

慢充线束各端口如图 3-2-20 所示，接车载充电机端为 6 个针脚，1 脚为 L（交流电源），2 脚为 N（交流电源），3 脚为 PE（车身搭铁），4 脚为空脚，5 脚为 CC（充电连接确认），6 脚为 CP（控制确认线）。慢充口端各针脚如图 3-2-21 所示，分别为 CP（控制确认线）、CC（充电连接确认）、N（交流电源）、L（交流电源）和 PE（车身搭铁）。

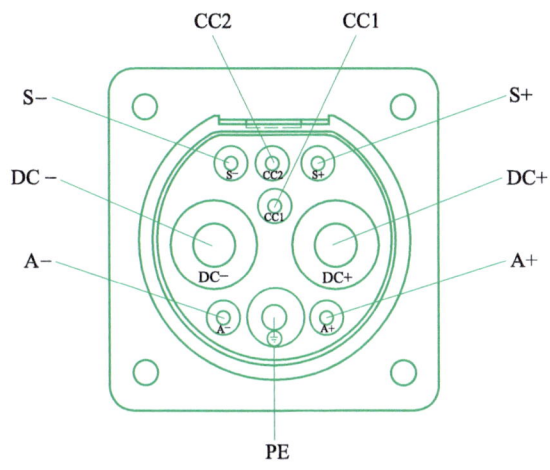

图 3-2-19　快充口各针脚示意图

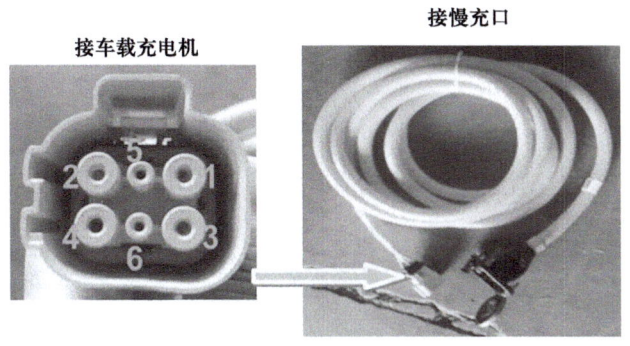

图 3-2-20　慢充线束各端口连接示意图

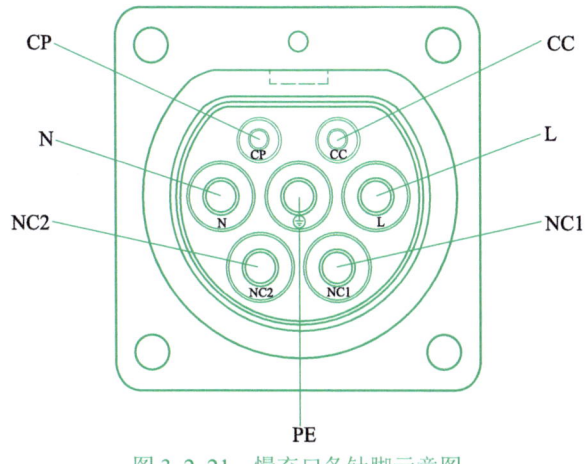

图 3-2-21　慢充口各针脚示意图

高压附件线束如图 3-2-22 所示，高压盒分别连接到 DC/DC 插件、车载充电机插件、空调压缩机插件和空调 PTC 插件。

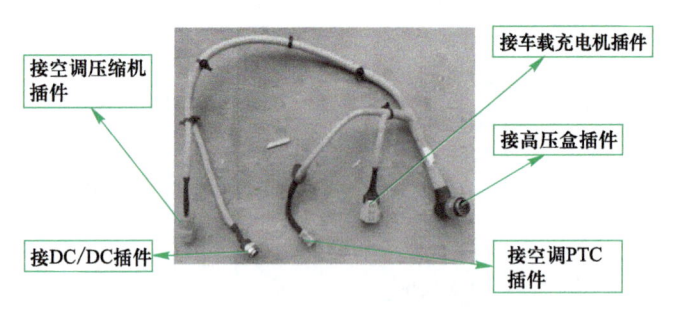

图 3-2-22　高压附件线束各接口示意图

任务实施

1. 工作准备
车辆、台架、总成：北汽 EV150。
专用工具、设备：充电设备。
手工工具：绝缘拆装组合工具、万用表。

2. 实施步骤
以北汽 EV150 电动汽车为例，介绍动力电池充电系统维护流程与规范，实施步骤见表 3-2-4。

表 3-2-4　北汽 EV150 电动汽车动力电池充电系统维护流程

1. 车载充电机工作状态检查	Power 灯：电源指示灯，当接通交流电后，电源指示灯亮起 Charge 灯：当充电机接通电池进入充电状态后，充电指示灯亮起 Error 灯：报警指示灯，当充电机内部有故障时亮起
2. 充电线检查	目测充电线外观是否有破损、裂痕，同时检测充电线是否导通

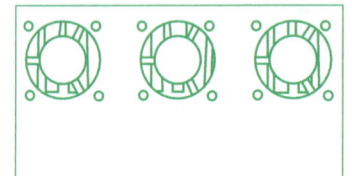

续表

步骤	说明
3.充电口盖开关状态检查	检查充电口盖能否正常开启或关闭
4.检查仪表充电指示灯	当充电口盖打开时，仪表充电指示灯应常亮 当关闭充电口盖时，仪表充电指示灯应熄灭
5.DC/DC 输出电压检测	（1）将车钥匙置于 OFF 挡，断开所有用电器并拔出钥匙 （2）按压低压蓄电池锁压件，打开盖板并裸露出低压蓄电池正极 （3）使用专用万用表电压挡位测量低压蓄电池的电压并记录此电压值 （4）将车钥匙置于 ON 挡位置 （5）使用专用万用表电压挡位测量低压蓄电池的电压，这时所测的这个电压值是 DC/DC 输出的电压 DC/DC 正常输出电压为 3.2～13.5 V 或 13.5～14 V 之间（关闭车上的用电设备的情况下）

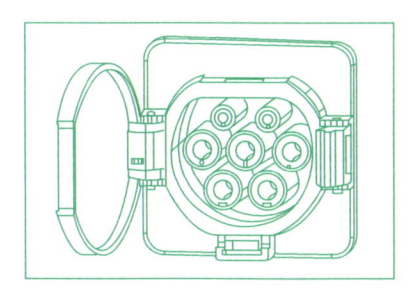

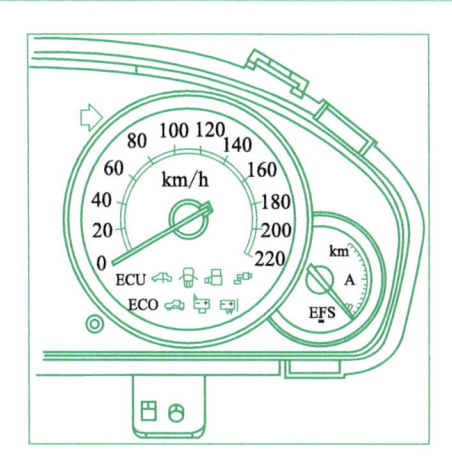

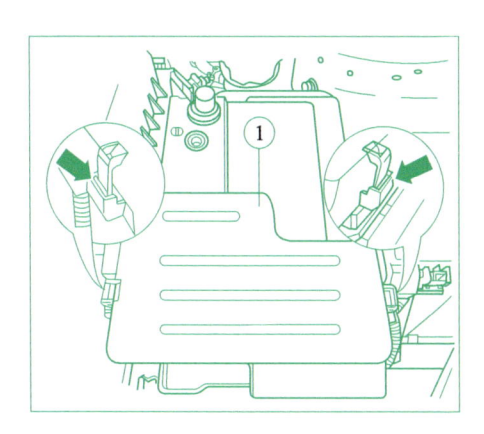

任务评价

学习任务评价表

班级：　　　　　小组：　　　　　学号：　　　　　姓名：

项目内容	主要测评项目	学生自评			
		A	B	C	D
关键能力总结	1. 遵守纪律，遵守学习场所管理规定，服从安排 2. 具有安全意识、责任意识和5S管理意识，注重节约、节能与环保 3. 学习态度积极主动，能按时参加安排的实习活动 4. 具有团队合作意识，注重沟通，能自主学习及相互协作 5. 仪容仪表符合学习活动要求				
专业知识与能力总结	1. 能正确说出电动汽车充电系统的组成及工作原理和北汽EV200电动汽车充电系统的各部件工作特点 2. 能正确认识电动汽车充电系统各部件及连接情况，并通过查阅相关资料，完成电动汽车动力电池充电系统的维护				
个人自评总结与建议					
小组评价					
教师评价		总评成绩			

教师签字：　　　　　日期：

任务三 电动汽车车载充电机的更换

> 知识目标

1. 了解电动汽车充电机类型。
2. 了解电动汽车车载充电机的发展趋势。
3. 掌握北汽 EV200 车载充电机的构造。

> 能力目标

1. 能够掌握车载充电机常见故障的解决办法。
2. 能够查阅资料，正确更换车载充电机。

任务引入

一辆 2016 年 5 月上牌的 2015 款北汽 EV200 轿车，已行驶 673 km。车主反应慢充无法充电。经技师诊断，确定为车载充电机本体故障，需要更换车载充电机。

知识链接

3.3.1 电动汽车充电机概述

充电机是电动汽车充电装置最主要的设备，它的性能好坏直接影响电动汽车的充电效果。

1. 电动汽车充电机类型

根据安装位置不同，可以分为车载充电机和地面充电机；根据输入电源不同，可以分为单相充电机和多相充电机；根据连接方式不同，可以分为传导式充电机和感应式充电机；根据功能不同，可以分为普通充电机和多功能充电机。

车载充电机是指安装在电动汽车上的采用地面交流电网和车载电源对电池组进行充电的装置，如图 3-3-1 所示，通过插头和电缆与交流插座连接，因此也称为交流充电机。车载充电机一般设计为小充电率，它的充电时间长（一般是 5～8 h），由于电动汽车车载质量和体积的限制，车载充电机要求尽可能体积小、质量轻（一般小于 5 kg）。车载充电机对于要充电的蓄电池是有针对性的，蓄电池的充电方式也是预先定义好的。由于充电机和电池管理系统（BMS，负责监控蓄电池的电压、温度和荷电状态）都装在车上，它们相互之间容易利用电动汽车的内部线路网络进行通信。

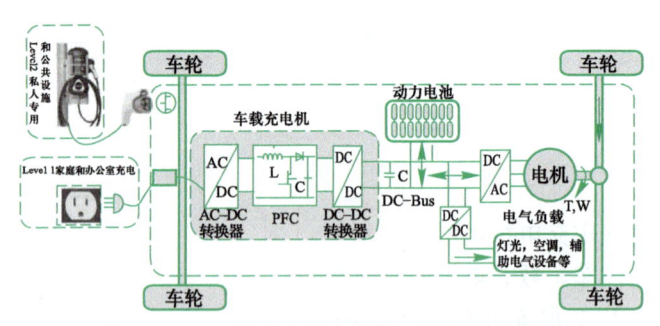

图 3-3-1　车载充电机安装及工作原理示意图

地面充电机，即非车载充电装置，是指固定在地面上的对交流电进行整流变换，其直流输出端对电池组进行充电的装置，因此也可以称为直流充电机。根据充电场所和充电需求的不同，地面充电机主要应用于家庭、充电站以及各种公共场所。为了可以满足各种电池的各种充电方式，通常地面充电机的功率、体积和质量都比较大，一般设计为大充电率。由于地面充电机和电池管理系统在物理位置上是分开的，它们之间必须通过电线或者无线电进行通信。根据电池管理系统提供的关于电池的类型、电压、温度和荷电状态的信息，地面充电机选择一种合适的充电方式为蓄电池充电，以避免蓄电池过充和过热。

图 3-3-2 所示是电动汽车所用的地面充电机的典型布置方式。该充电机由一个能将输入的交流电转换为直流电的整流器和一个能调节直流电功率的功率转换器组成，通过把电线的插头插入电动汽车上配套的插座中，直流电能输入蓄电池对其充电。充电器设置了一个锁止杠杆以利于插入和取出插头，同时杠杆还能提供一个确定已经锁紧的信号，如果没有此信号，充电器就不会给电池充电以确保安全。根据地面充电机和车上电池管理系统相互之间的通信，功率转换器能在线调节直流充电功率，而且地面充电机能显示充电电压、充电电流和充电的电能，甚至所需充电费用等。

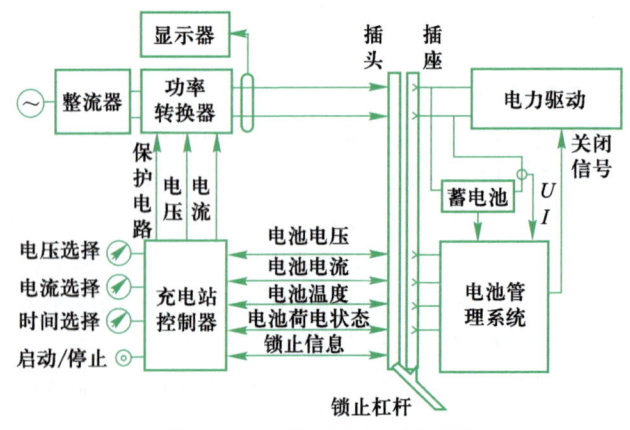

图 3-3-2　地面充电机工作原理

传导式充电机如图 3-3-3 所示，又称接触式充电机，采用插头与插座的金属接触来导电，充分利用了技术成熟、工艺简单和成本低廉的优点。传导式充电机的输出直接连接到电动汽车上，两者之间存在实际的物理连接，电动汽车上不装备电力电子电路。这种方式的缺陷是，导体裸露在外面不安全，而且会因多次插拔操作，引起机械磨损，导致接触松动，不能有效传输电能。

图 3-3-3 传导式充电机工作原理

感应式充电机是采用感应耦合方式充电，即充电源和汽车接收装置之间不采用直接电接触的方式，而是采用由分离的高频变压器组合而成，通过感应耦合，无接触式地传输能量。采用感应耦合方式充电，可以有效解决接触式充电的缺陷。如图 3-3-4 所示，充电机分为地面部分和车载部分。

图 3-3-4 感应式充电机结构示意图

感应充电机是利用高频变压器原理，如图 3-3-5 所示。高频变压器的一边绕组装在离车的充电器上，另一边绕组嵌在电动汽车上，输入电网交流电经过整流后，通过高频逆变环节，将 50～60 Hz 的市电转换为 80～300 Hz 的高频电，经电缆传输通过感应耦合器后，传送到电动汽车输入端，再经过整流滤波环节，将高频交流电变换为能够为动力电池充电的直流电。

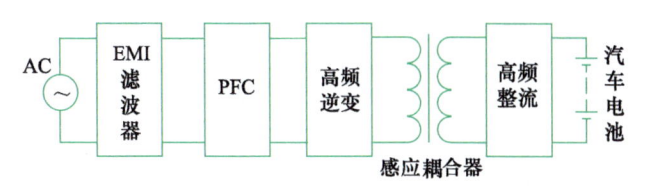

图 3-3-5 感应式充电机工作原理

普通充电机只提供对蓄电池的充电功能，多功能充电机除了提供对蓄电池的充电功能外，还能提供诸如对蓄电池进行容量测试、对电网进行谐波抑制、无功率补偿和负载平衡等功能。当前实际运行的充电机基本上以交流电源作为输入电源，因此，充电机的功率转化单元实质上是一个 AC/DC 变换器。

2. 电动汽车充电机的组成及工作原理

车载充电机由电源部分（主电路）和充电机控制主板（控制电路）两大部分组成，如图 3-3-6 所示。电源部分主要作用是将 220 V 交流电转化为超过 300 V 的直流电，电源部分又分为 PFC 和 LLC 两部分，实际上可以把 PFC 看作是 AC/DC，而把 LLC 看作是 DC/DC。充电机控制主板主要是对电源部分进行控制、监测、计量、计算、修正、保护以及与外界网络通信等功能，是车载充电机的"中枢大脑"。

当车载充电机接上交流电后，并不是立刻将电能输出给电池，而是通过 BMS 电池管理系统首先对电池的状态进行采集分析和判断，进而调整充电机的充电参数。

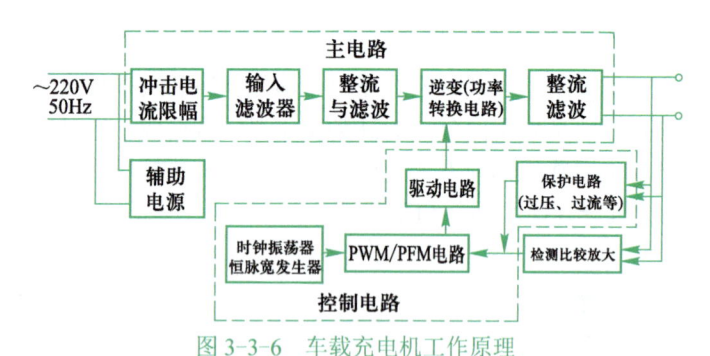

图 3-3-6 车载充电机工作原理

3. 车载充电机的发展趋势

随着 EV 车辆续航里程提升（350～500 km），电池电量普遍大于 60 kW·h，传统的 3.3 kW 和 6.6 kW 车载充电机功率已不能满足当下纯电动汽车的慢充（6～8 h）需求，未来车载充电机功率扩容势在必行，不同厂家电动汽车续航里程及交流充电功率也不一样，见表 3-3-1。

然而，整车配备大功率充电机虽可减少充电时间，但由于受限于车辆配重、空间以及成本制约，同时大功率的交流充电也受电网基础设施的影响，如小区配电的容量，该解决方案面临挑战，电动汽车制造厂商一边需要不遗余力地优化充电时间以使车辆更具竞争力，另一边同时还需兼顾车辆系统部件成本，尤其是在国家和地方政策补贴逐渐减少后，以便在保证价格优势的同时可获取更高的利益。

表 3-3-1 部分厂家 EV 车型续航里程及交流充电功率

车型	交流充电/（Phases/kW）	车载储能/（kW·h）	续航里程/km
腾势 400	1/3.3	62	352
北汽 EU400	1/6.6	54.4	360
荣威 ERX5	1/6.6	48.3	320

续表

车型	交流充电/(Phases/kW)	车载储能/(kW·h)	续航里程/km
Nissan Leaf 2017	1/6.6	40	400
BMW Mini-E	1/19	35	160
Tesla Model S	1/3/22	85	480
Renault Zoe	3/43	22	210
BYD e6	1/3/40	82	400

电动汽车充电系统的设计趋势是大功率、高效率，以便一次充电保证尽可能多的续驶里程。电动汽车制造厂商虽可依靠建设直流快充设施来提供快速充电方案，但直流快充基础设施同时也会增加额外成本及空间等要求，而随着V2G、V2L、V2V等充电技术增值服务的发展，提升车载充电机的充电功率，利用大功率的车载充电机对车辆进行充电，也是电动汽车私人专用和公共设施充电解决方案的重要方式。

对于车载充电机产品扩功率、降成本的发展趋势，主要形成如下两种技术形态。

1）功能扩展：单向充电技术向双向充电技术发展。

对于装载电池电量不大的的车辆，如PHEV、小型化EV等，单向低功率车载充电机产品仍将大范围应用。制造厂商通过新系统集成化设计用以优化降低成本，推出高效且便宜的车载充电器，比如将充电机与DC/DC功能集成，如图3-3-7所示，可减少电气连接、复用水冷基板及部分控制电路。

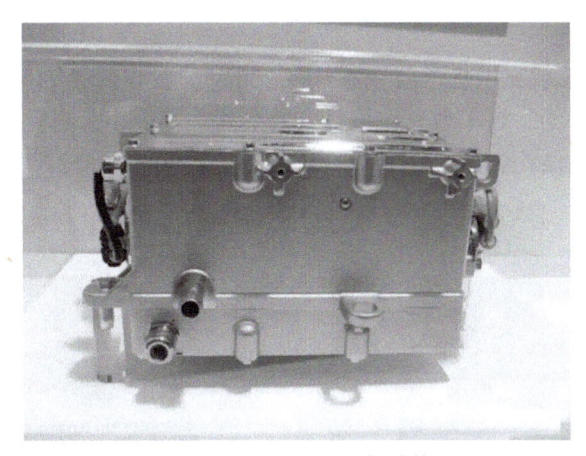

图3-3-7 车载充电机结构

2）功率扩展：单相充电技术向三相充电技术发展。

现阶段，许多电动汽车不支持高于6.6 kW的交流充电功率水平，但交流插接器支持高达19 kW（美国）、14 kW（欧洲）的单相功率水平和高达52 kW（美国）、43 kW（欧洲、中国）的三相功率水平，标准化充电功率与EV交流充电功能之间还未完全匹配，因此，在现有充电标准内增加 AC 充电水平存在相当大的潜力，见表 3-3-2。

表 3-3-2　美国、欧洲及中国交流充电额定电压 / 电流

类型	地区	最高电压 / 电流	最大功率
1 Phase AC	美国	120 V/16 A	1.9 kW
		240 V/80 A	19 kW
	欧洲	220 V/63 A	14 kW
	中国	220 V/32 A	7 kW
3 Phase AC	美国	480 V/63 A	52 kW
	欧洲	400 V/63 A	44 kW
	中国	380 V/63 A	41 kW

为了提升充电功率并降低车辆充电系统的成本、质量和所需空间，通过将电池充电器和电机驱动器有效集成成为车载充电技术重要路径之一。

对于 EV 支持的最大充电水平，无论是 DC 还是 AC，都受到电力电子设备和电池容许的散热限制，且 EV 热管理系统须设计成使电池在指定温度下可以在驱动和充电期间正常操作。因此，集成充电器设计用于在这些功率水平下充电的 EV 时，还需要额外的冷却系统。

3.3.2　北汽 EV200 车载充电机介绍

北汽 EV200 车载充电机主要任务是将 220 V 交流电转换为动力电池的直流电，实现电池电量的补给。该车载充电机具有效率高、体积小、耐受恶劣工作环境等特点。车载充电机的结构如图 3-3-8 所示，性能参数见表 3-3-3。

图 3-3-8　EV200 车载充电机结构

表 3-3-3　北汽 EV200 车载充电机主要性能参数

项目		参数
输入参数	输入相数	单项
	输入电压 AC/V	220（1±20%）
	输入电流 /A	≤ 16（在额定输入条件下）
	频率 /Hz	45 ~ 65
	启动冲击电流 /A	≤ 10
	软启动时间 /s	3 ~ 5
输出参数	输出功率（额定）/W	3 360
	输出电压 DC（额定）/V	440
	输出电流 /A	0 ~ 7.5
	稳压精度	≤ ±0.6%
	负载调整率	≤ ±0.6%
	输出电压纹波（峰值）	< 1%

该充电机内部可分为 3 部分，如图 3-3-9 所示，由主电路、控制电路、线束及标准件等组成，主电路的前端将交流电转换为恒定电压的直流电，主要是全桥电路和 PFC 电路。后端为 DC/DC 变换器，将前端转出的直流高压电变换为合适的电压及电流供给动力电池。控制电路的作用是控制 MOS 管的开关、与 BMS 通信、检测充电状态、与充电桩握手等功能。线束及标准件用于主电路及控制电路的连接，并固定元器件及电路板。

图 3-3-9　EV200 车载充电机内部结构

如图 3-3-10 所示，EV200 车载充电机工作过程：（1）慢充"插枪"后，交流供电设备通过 CC/CP 回路电压检测桩端枪头是否插接良好，确认无问题后闭合高压接触器给车载充电机交流输入供电。（2）车载充电机上电，自检无故障后，输出低压辅助电源，VCU 和 BMS 激活上电。（3）VCU 检测到"充电激活信号"和 BMS 发出的"交流充电连接"后，吸合"慢充高压继电器"并控制驱动慢充电子锁执行"闭锁逻辑"。（4）BMS 通过 CC 回路电压检测车端枪头是否插接良好并获得"电缆的额定容量"；通过检测 CP 回路的 PWM 信号确认交流供电设备的最大供电电流；BMS 将前两者与车载充电机发送的"额定输入电流值"进行取小设定为车载充电机的"最大允许输入电流值",并将充电电压及充电电流信息发送给车载充电机。(5) BMS 吸合充电继电器,并通过 CAN 报文发送"充电机控制命令",车载充电机收到后启动充电。(6) 当 BMS 检测到电池达到"满充状态"或收到车载充电机发送的"充电机中止充电报文"时,断开充电继电器;VCU 检测到 BMS 断开充电继电器后,断开"慢充高压继电器"并控制慢充电子锁执行"解锁逻辑"。

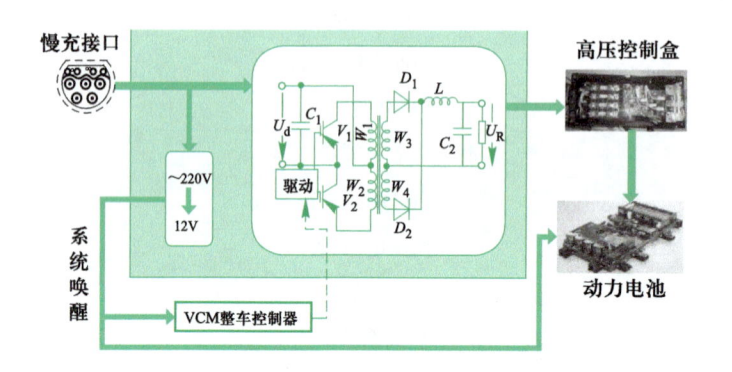

图 3-3-10　EV200 车载充电机工作原理

EV200 车载充电机面板上有 3 个指示灯,如图 3-3-11 所示,分别为交流(电源)指示灯(绿色)、工作(充电)指示灯(绿色)、警告灯(红色)。当接通交流电后,交流指示灯点亮;当充电机接通电池进入充电状态后,工作指示灯点亮;当充电机内部有故障或错误的操作时,警告灯点亮。

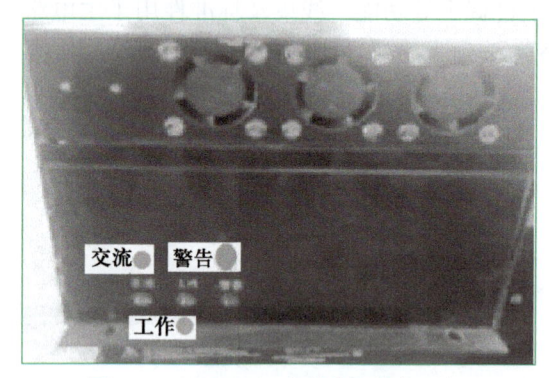

图 3-3-11　EV200 车载充电机指示灯

车载充电机常出现的三种故障及解决办法如下。

① 故障现象:不充电,电源交流灯不亮。解决方法:检查高压充电母线是否与充电机直流输出连接完好。确认电池的接触器已经闭合。

② 故障现象:不充电,警告灯闪烁。解决方法:确认输入电压在 170～263 VAC 之间。输入电缆的截面积在 2.5 mm^2 以上。

③ 故障现象:不充电,警告灯闪烁,风扇不转。解决方法:过热警告,清理风扇的灰尘。

任务实施

1. 工作准备

防护装备：绝缘防护装备。

车辆、台架、总成：北汽 EV200。

专用工具、设备：无。

手工工具：绝缘拆装组合工具。

辅助材料：警示标志和设备、清洁剂。

2. 实施步骤

以北汽 EV250 电动汽车为例，介绍车载充电机更换的流程与规范，实施步骤见表 3-3-4。

表 3-3-4　实 施 步 骤

1. 维修前的安全操作	
 	断开 12 V 蓄电池负极，把负极极桩用胶带覆盖，防止维修过程中，负极接线端子误碰蓄电池负极，造成用电器损坏或者其他故障
2. 车载充电机的拆卸	
	拆卸线束端子，松开并卸下固定螺栓，取出车载充电机
注意事项：穿戴绝缘手套，将各高压线束端子拔下

续表

 3.更换车载充电机	
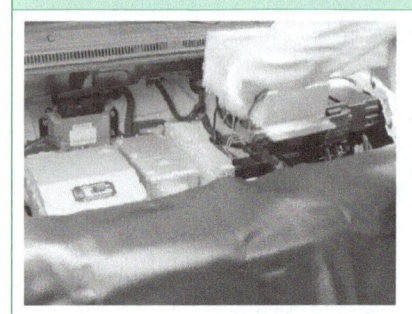  	更换新的车载充电机，并按照对角顺序和规定力矩安装螺栓，连接好线束插头。 连接线束时，穿戴绝缘手套
4.试车检查	
	检查慢速充电是否正常，并用专用故障诊断仪读取故障码和数据流，确保车辆动力电池无任何故障

任务评价

学习任务评价表

班级：　　　　　　小组：　　　　　　学号：　　　　　　姓名：

项目内容	主要测评项目	学生自评			
		A	B	C	D
关键能力总结	1. 遵守纪律，遵守学习场所管理规定，服从安排 2. 具有安全意识、责任意识和5S管理意识，注重节约、节能与环保 3. 学习态度积极主动，能按时参加安排的实习活动 4. 具有团队合作意识，注重沟通，能自主学习及相互协作 5. 仪容仪表符合学习活动要求				
专业知识与能力总结	1. 能正确说出电动汽车充电机类型、车载充电机的构造及工作原理 2. 能正确判断车载充电机的常规故障，并通过查阅相关资料，完成车载充电机的更换				
个人自评总结与建议					
小组评价					
教师评价		总评成绩			

教师签字：　　　　　　日期：

项目四

动力电池的维护与故障检测

任务一 动力电池的维护

> 知识目标

1. 了解电动汽车动力电池维护类别。
2. 掌握电动汽车动力电池维护内容。
3. 掌握电动汽车动力电池维护的注意事项。

> 能力目标

1. 能够熟练掌握电动汽车动力电池维护作业流程及技术要求。
2. 能够正确对电动汽车动力电池进行维护。

任务引入

一辆北汽 EV200 电动汽车行驶 2 000 km 后,需要对动力电池进行维护。请按照要求对动力电池进行维护。

知识链接

4.1.1 动力电池的维护类别

电动汽车作为一种新能源车辆,与传统的燃油汽车在具体的使用操作、维护保养及维修方面存在很多差异,只有懂得电动汽车正常的使用、维修、维护技术和技巧,才能将电动汽车使用的得心应手,才能真正让电动汽车的节能、经济和环保优势得到充分体现,从而让电动汽车产业迅速发展。

电动汽车动力电池的维护包括常规维护、重点维护、贮存维护等。

1. 动力电池的常规维护

常规维护时对影响电源使用过程中的安全隐患进行检查和排除,避免发生危险性事故。

常规维护一般每月进行一次。

动力电池系统在使用 1～2 个月后,维护人员需要对动力电池系统的外观和绝缘进行保养和维护。

动力电池系统在使用 3 个月后,有条件的话对动力电池进行一次充放电维护。

维护人员在进行操作时必须戴好绝缘手套等防护用品，使用前必须熟悉动力电池产品的结构、工作原理和使用说明书。

在进行充放电维护时，将动力电源系统按正常工作要求连接到位，接通管理系统的电源，监测电池的装调，根据监测的数据判断电池所处的环境温度、电池温度及电池电压等状态是否正常。

进行充放维护前，操作者应先检查电源系统各部分的情况，在确保各部分正常的情况下才能进行充放电维护。

维护均应在温度 15～30℃，相对湿度 45%～75%，大气压 86～106 kPa 的环境中进行。

在进行充放电维护过程中，检查管理系统的功能是否运转正常。

在充放电维护过程中，检查风扇是否在规定的温度下开启和关闭，运转是否正常。

产品在充放电维护结束后，检测蓄电池包的绝缘电阻，测得的绝缘电阻应满足指标的要求。用电压表分别测试蓄电池包的正极端子、负极端子与蓄电池包的最大电压，测得的电压值应不超过上限要求。

维护后如果动力电池系统的功能都正常，然后再进行使用，如果有异常情况和故障出现，应立即排除。无法排除的故障应及时与厂家联系。

2. 动力电池的重点维护

重点维护时对电池系统进行较详细的测试及检查，目的是保证动力电池满足继续使用的要求，消除系统存在的安全隐患，延长动力电池的使用寿命。重点维护一般 6～8 个月进行一次。重点维护前先按照常规维护进行检查，其主要内容如下。

（1）拆卸

将电池包从车上拆卸下来。若电池包在车上安装位置合适，利于开包检查和维护，可不进行拆卸。

（2）开包

观察电池包外观，看是否有燃烧、漏液、撞击等痕迹。

拧下电池包上盖固定螺钉，将电池包上盖取下，打开电池包，注意避免上盖与电池接触，勿损伤电池包。

（3）电池包内部状况检查及处理

进行绝缘检测，用数字电压表测量各个电池包的总正、总负端子对车体的电压，是否小于规定值。

检查电池包底盘和支架是否有电解液、积水等异常情况。

观察电池外观的整洁程度，是否有漏液、腐蚀等现象。同时使用毛刷、干抹布清洁电池表面及零部件。

检查电池之间的连接是否有松动、锈蚀等现象。

检查系统输出端子、电池管理系统各接插件是否连接牢靠。

清理防尘网上的灰尘或杂物，清理后再次进行绝缘检测。

检查各电池外观，是否有损坏、漏液、严重变形等现象，对这些电池进行标记,并进行更换。

检查每只电池的电压,对电压异常的电池进行维护或更换。

3. 动力电池的贮存维护

贮存维护是对长期贮存(时间超过 3 个月)的动力电池进行测试及检查。目的是避免电池因长期不使用引起的性能衰减,同时消除电池组存在的安全隐患。

(1)环境要求

环境温度范围:15~30℃

环境相对湿度范围:最大 80%

(2)维护方法

有条件的话对电源系统进行一次全充全放,以使电池性能得到活化。在没有放电设备的条件下,通常进行充电维护,按照常规充电方法或厂家推荐的充电方法将电池系统充满电,对于长期贮存的电池系统,首次充电必须采用较小的电流进行。

4.1.2 动力电池维护的主要内容

动力电池维护的主要内容包括外观维护、管理系统维护、绝缘检测、充放维护等。

1. 外观维护

对动力电池的外观进行检查,如果有问题应及时排除,如果无法排除,请及时与厂家联系。

检查电池包箱体是否完好,有无损坏或腐蚀。

检查各紧固件螺栓、螺母是否松动。

检查电池包之间的连接线是否松动。

检查插头是否完好,各种线束有无擦伤、有无金属部分外漏。

检查电池包的冷却通道是否异常。

2. 绝缘检测

断开电池组与整车的高压连接,用数字电压表测量各个电池包的总正、总负端子对车体的电压,是否小于上限值。如发现电压偏高,应测量电池包箱体与车体是否绝缘,如有问题,应由专业人员进行维修。通常可以根据电池包总正和总负对于车体的电压,大致确定多个电池包组成的动力电池中哪一个对车体绝缘出现问题;通过测量电池包总正、总负对电池包外壳的电压,大致确定电池包内绝缘故障的电池模块。

3. 管理系统维护

接通电池管理系统,采集并记录开路状态下电池组的总电压、各个模块的电压及各个电池模块的温度。

按照厂家推荐的充放电制度对系统进行充放电测试。

在充放电过程中检查电池管理系统显示是否正常,否则进行故障排除。

接通辅助电源,运行车辆直至冷却系统工作,观察冷却通道是否通畅。

检查管理系统与各部分连接是否松动。

4. 冷却系统

检查进出风通道是否畅通，风机是否能正常工作。清除防尘网上的灰尘及杂物，或更换防尘网。

5. 维护前的准备

每种电动汽车动力电池系统均有其自身特点，系统的结构设计、安装位置等不同车辆有很大差别。在车辆检修和电源系统维护的过程中，需要做好准备工作。

（1）专用工具的准备

配置和准备专用的检测仪器、常用仪表（如电压表、欧姆表、绝缘测试仪等）、专用工具（带绝缘措施的螺钉旋具、扳手等）、常用物料（如绝缘胶带、扎带等）、其他（如充电机等）。

（2）个人防护准备

电动汽车使用高压电路，在检修前必须做好个人防护措施，佩带绝缘手套，穿防护鞋、工作服等；手腕、身上不能佩戴金属物件（如金属手链、戒指、手表、项链等）。

6. 动力电池充放电维护注意事项

动力电池在使用时，必须正确识别正负极，不得接反，不得短路；动力电池系统充电按照指定的充电条件进行。

动力电池系统在充放电维护时，应严格控制放电终止电压不低于放电最低电压，否则会引起电池性能和循环寿命下降等。

动力电池系统的连接均应牢固可靠，动力电池系统应避免在倒置的状态下工作。

避免对动力电池系统长时间过度充电。

建议在 0～30℃环境温度下进行充电，环境温度过高或过低均会对动力电源系统的充电效率、放电容量、电压的稳定及使用寿命等有不良影响。

动力电池系统在充放电维护和使用中发生异常情况，应立即断开电源，并及时与厂家联系进行维修。

严禁用金属或导线同时接触动力电源系统的正负极。在运输和使用时，不要损坏或拆卸电池组，以免电池组短路。

动力电池系统充放电维护后应贮存在干燥通风、温度不高于 35℃的环境中，请勿接近火源，并避免酸性或其他腐蚀性气体接触。

维护人员在进行操作时必须戴好绝缘手套等防护用品，使用前必须熟悉动力电池产品的结构、工作原理和使用说明书。

7. 动力电池检修注意事项

电动汽车使用高压电路，不正确的操作可能导致电击或漏电。所以，在检修过程中（如安装拆卸零件、检查、更换零件等），必须注意以下事项。

（1）维护检修前必须熟悉车辆说明书和电池系统说明书。

（2）对高压系统操作时断开电源。断开前先读取故障码，避免系统故障码被清除。

（3）断开电源后放置 5 min。需要对车辆系统内的高压电容器进行放电。

（4）佩戴绝缘手套，并确保绝缘手套没有破损，不要戴湿手套。

(5)高压电路的线束和插接器通常为橙色,高压零部件通常贴有"高压"警示,操作这些线束和部件时需要特别注意。

(6)对高压系统进行操作时,在旁边放置"高压工作,请勿靠近"的警告牌。

(7)不要携带任何类似卡尺或测量卷尺等的金属物体,避免掉落导致短路。

(8)拆下任何高压配线后,立刻用绝缘胶带将其绝缘。

(9)一定要按照规定转矩将高压螺钉端子拧紧。转矩不足或过量都会导致故障。

(10)完成对高压系统的操作后,应再次确认在工作平台周围没有遗留任何零件或工具,确认高压端子已拧紧和插接器已连接。

任务实施

1. 工作准备

防护装备:绝缘防护装备。

车辆、台架、总成:北汽 EV200。

专用工具、设备:专业检测仪、扭力扳手。

手工工具:绝缘拆装组合工具。

辅助材料:警示标志和设备、清洁剂。

2. 实施步骤

以北汽 EV200 电动汽车为例,介绍动力电池维护的流程与规范,实施步骤见表 4-1-1。

表 4-1-1　北汽 EV200 动力电池维护流程

1. 检查动力电池外观有无磕碰、损坏	
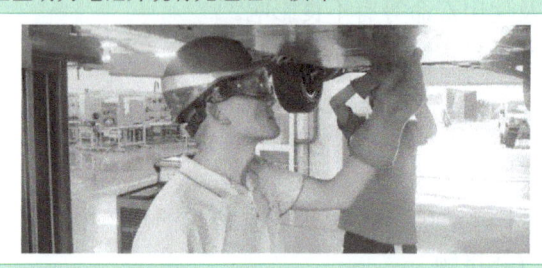	将车辆举升,目测动力电池底部有无磕碰、划伤、损坏的现象。 如发现以上情况,应及时予以修理或更换
2. 动力电池定期充放电、单体电池一致性测试	
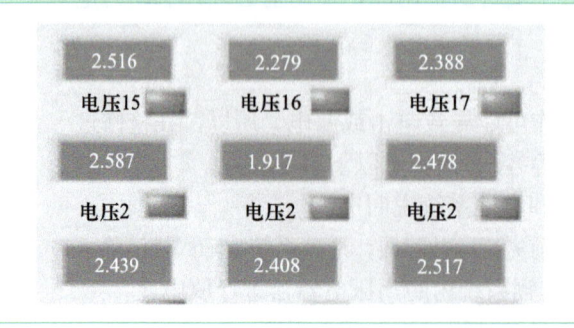	定期对动力电池满充、满放一次。 使用专用检测仪对动力单体电池进行测试。 如发现以上情况,应及时予以修理或更换

续表

3. 检查 BMS、绝缘电阻、接插件与紧固件情况	
	使用专用检测仪器对动力电池 BMS、绝缘电阻进行测试。 目测动力电池高低压插接件变形、松脱、过热、损坏的情况。如发现以上情况，应及时予以修理或更换
4. 螺栓力矩检测	
	螺栓标准力矩：95～105 N·m
5. 绝缘检查（内部）	
	将电箱内部高压盒插头打开，用绝缘表测试总正、总负对地，阻值 ≥ 500 Ω/V（1 000 V）。 工具：绝缘表
6. 模组连接件检查	
	用做好绝缘的扭力扳手紧固（扭力：35 N·M），检查完成后，做好极柱绝缘。 工具：扭力扳手

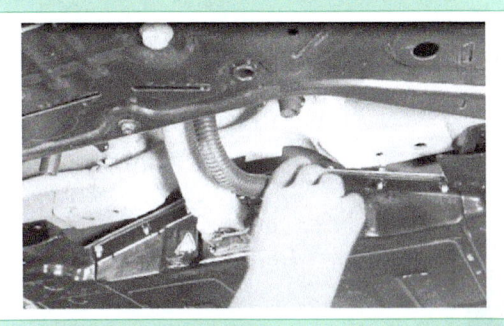

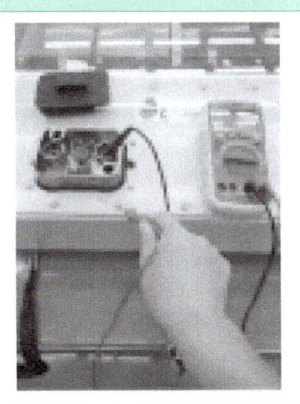

续表

7. 电箱内部温度采集点检查	
	用专用故障诊断仪读取电脑监控温度，用红外热像仪测试电箱内部温度采集板的温度，两者进行对比，检查温感精度。 工具：笔记本、CAN 卡、红外热像仪
8. 电箱内部除尘	
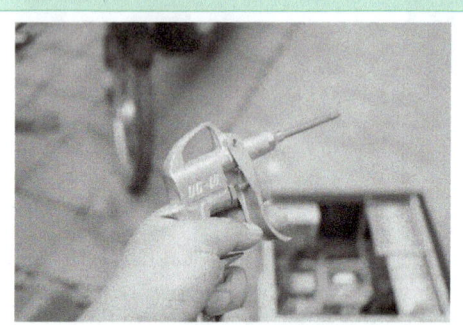	用压缩空气清理。 工具：借助空压机
9. 标识检查	
  物料追溯编码　出货检验标签　产品铭牌　电池包序号 低压航插　总负　总正	目测动力电池包正负极标识和其他标识是否清晰

续表

10. 熔断器检查 250A 熔丝 加热熔断器	用万用表二极管挡测量通断。 工具：万用笔
11. 电箱密封检查	目测密封条或更换密封条
12. 继电器测试 主正继电器	用监控软件启动关闭总正、总负继电器。 工具：万用表、笔记本、CAN 卡

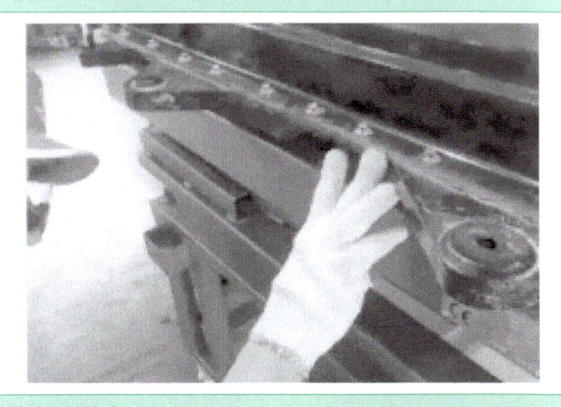

续表

	 加热继电器	
13. 高低压接插件可靠性检查		
		检查是否松动、破损、腐蚀、密封等情况。 工具：目测、万用表、绝缘表
14. 其他电箱内零部件检查		
		检查是否有松动、破损、脱落等情况。 工具：螺钉旋具、扭力扳手
15. 电池包安装点检查		
		目测检查每个安装点焊接处是否有裂纹

续表

16. 电池包外观检查	
	电池包无变形、无裂痕、无腐蚀、无凹痕
17. 保温检查	
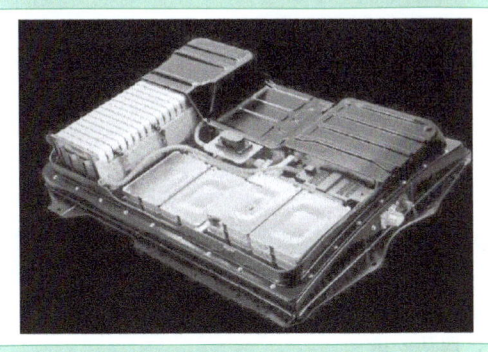	目测检查电池包内部边缘保温棉是否脱落、损坏
18. 电池包高低压线缆安全检查	
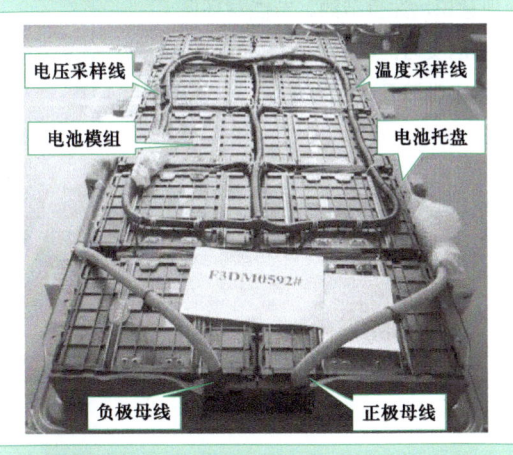	目测电池包内部线缆是否破损、挤压
19. CAN 电阻检查	
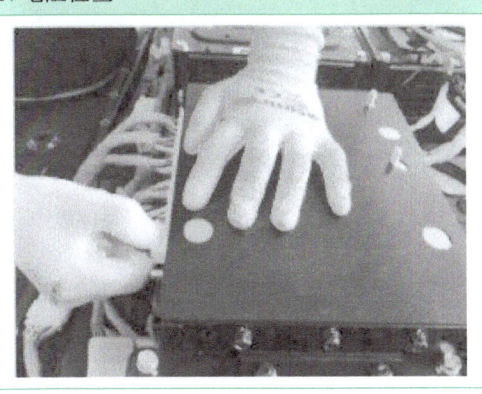	下电情况：用万用表欧姆挡测量 CAN1。 工具：万用表

续表

20. 电池包内部干燥性检查

打开电池包，目测观察电池箱内部是否有积水，测量电池包绝缘。

工具：绝缘表

任务评价

学习任务评价表

班级：　　　　　小组：　　　　　学号：　　　　　姓名：

项目内容	主要测评项目	学生自评			
		A	B	C	D
关键能力总结	1. 遵守纪律，遵守学习场所管理规定，服从安排 2. 具有安全意识、责任意识和 5S 管理意识，注重节约、节能与环保 3. 学习态度积极主动，能按时参加安排的实习活动 4. 具有团队合作意识，注重沟通，能自主学习及相互协作 5. 仪容仪表符合学习活动要求				
专业知识与能力总结	1. 能正确说出动力电池维护类别、维护内容、维护注意事项 2. 能正确查阅相关资料，完成动力电池的维护				
个人自评总结与建议					
小组评价					
教师评价		总评成绩			

教师签字：　　　　　日期：

任务二 动力电池的故障检测

▶ 知识目标

1. 了解电动汽车动力电池充电装置。
2. 掌握电动汽车动力电池充电系统常见的充电方式和方法。
3. 掌握北汽电动汽车充电系统的组成及充电方法。

▶ 能力目标

1. 能够正确对电动汽车动力电池进行充电。
2. 能够判断基本的充电故障。

任务引入

一辆北汽 EV160，已行驶 36 000 km，停在平坦路面，仪表故障灯点亮，显示动力电池故障，根据故障展开本课程学习。

知识链接

4.2.1 动力电池的基本组成

北汽 EV200 动力电池是锂电池，如图 4-2-1 所示，主要由电极、电解质、隔离物和外壳组成。锂离子电池的工作原理就是指其充放电原理。当对电池进行充电时，电池的正极上有锂离子脱出，脱出的锂离子经过电解液运动到负极。而作为负极的碳呈层状结构，它有很多微孔，到达负极的锂离子就嵌入到碳层的微孔中，嵌入的锂离子越多，充电容量越高，放电则正好相反。在锂离子电池的充放电过程中，锂离子处于从正极→负极→正极的运动状态。

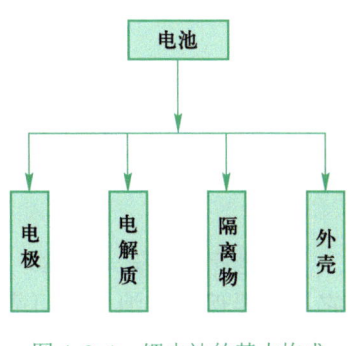

图 4-2-1 锂电池的基本构成

动力电池系统主要由动力电池模组、电池管理系统、动力电池箱及辅助元器件等 4 部分组成，如图 4-2-2 所示。

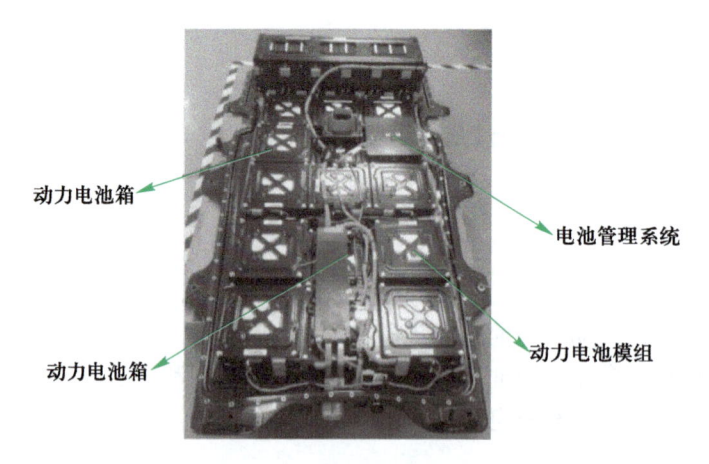

图 4-2-2 动力电池系统的组成

动力电池箱是各电池模组和附件安装的基地，其技术要求：电池箱体用螺栓连接在车身地板下方，其防护等级为 IP67，螺栓拧紧力矩为 80～100 N·m。整车维护时需观察电池箱体螺栓是否有松动，电池箱体是否有破损或严重变形，密封法兰是否完整，确保动力电池可以正常工作。

电池单体是构成动力电池模块的最小单元。一般由正极、负极、电解质及外壳等构成。可实现电能与化学能之间的直接转换。

电池模块是一组并联的电池单体的组合，该组合额定电压与电池单体的额定电压相等，是电池单体在物理结构和电路上连接起来的最小分组，可作为一个单元替换；电池模组是由多个电池模块或单体电芯串联组成的一个组合体。北汽 EV200 动力电池模组型号为 3P91S，如图 4-2-3 所示。

图 4-2-3 3P91S 动力电池模组

电池管理系统（BMS）是动力电池保护和管理的核心部件，如图 4-2-4 所示，它不仅要保证电池安全可靠的使用，而且要充分发挥电池的能力并延长使用寿命，作为电池和整车控制器以及驾驶者沟通的桥梁，通过控制接触器控制动力电池组的充放电，并向 VCU 上报动力电池系统的基本参数及故障信息。电池管理系统可以通过电压、电流及温度检测等功能实现对动力电池系统的过压、欠压、过流、过高温和过低温保护、继电器控制、SOC 估算、充放电管理、均衡控制、故障报警及处理、与其他控制器通信功能、高压回路绝缘检测以及为动力电池系统加热等功能。

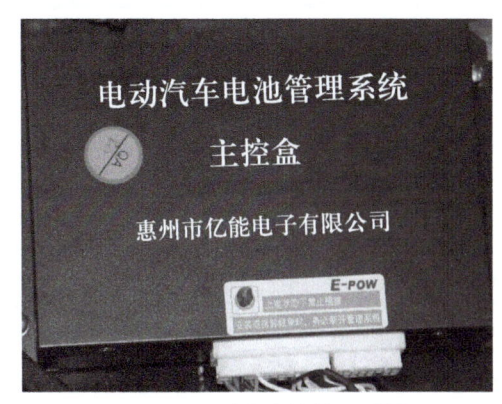

图 4-2-4 动力电池管理系统

电池管理系统按性质可分为硬件和软件，按功能可分为数据采集单元和控制单元。BMS 的硬件主要包括主板、从板、高压盒以及采集电压、电流、温度等数据的电子器件，其软件包括监测电池的电压、电流、SOC 值、绝缘电阻值、温度值，通过与 VCU 和充电机的通信，来控制动力电池系统的充放电。

辅助元器件主要包括动力电池系统内部的电子电器元件，如熔断器、继电器、分流器、接插件、紧急开关、烟雾传感器、密封条、绝缘材料等除维修开关以及电子电器元件以外的所有辅助元器件。

4.2.2 动力电池性能参数

额定电压 / 串联数 = 单体电压

3P91S 表示 3 个电芯并联成 1 个独立单体电池，再由 91 个独立单体电池串联成动力电池总成，其相关信息见表 4-2-1。

表 4-2-1 3P91S 相关信息

项目	SK-30.4 kW·h	PPST-25.6 kW·h
零部件号	E00008302	E00008417
额定电压	332 V	320 V
电芯容量	91.5 A·h	80 A·h
额定能量	30.4 kW·h	25.6 kW·h
连接方式	3P91S	1P100S
电池系统供应商	BESK	PPST
电芯供应商	SKI	ATL

续表

项目	SK-30.4 kW·h	PPST-25.6 kW·h
BMS 供应商	SK innovation	E-power
总质量	291 kg	295 kg
总体积	240 L	240 L
工作电压范围	250～382 V	250～365 V
能量密度	104 W·h/kg	86 W·h/kg
体积比能量	127 W·h/L	107 W·h/L

1. 动力电池内部条件

① 储电能量＞10%（SOC）。
② 电池温度在 -20～45℃。
③ 单体电芯温度差＜25℃。
④ 实际单体最低电压不小于额定单体电压 0.4 V。
⑤ 单体电压差＜300 mV。
⑥ 绝缘性能＞20 MΩ。
⑦ 动力电池内部低压供电、通信正常。
⑧ 动力电池监测系统工作正常（电压、电流、温度、绝缘）。

2. 动力电池外部条件

① BMS 常电供电正常（12 V 正、负极）。
② ON 信号正常。
③ VCU 唤醒信号正常。
④ CAN 线通信正常（新能源 CAN 线）。
⑤ 高压线束连接正常。
⑥ 高压线束及电气设备绝缘性能＞20 MΩ。
⑦ 充电连接确认信号线或充电唤醒信号无短路（VCU 到充电机或充电连接线束）。

3. 动力电池的充电电流与温度

采用车载充电机充电，充电温度与充电电流要求见表 4-2-2。

表 4-2-2　车载充电机充电过程中充电温度与充电电流要求

温度	小于 0℃（加热）	0～55℃	大于 55℃
可充电电流	0 A	10 A	0 A
备注	当单体最高电压高于额定电压 0.4 V 时，降低充电电流到 5 A；当单体电压高于额定电压 0.5 V 时，充电电流为 0 A，请求停止充电		

采用非车载充电机充电，充电温度与充电电流要求见表 4-2-3。

表 4-2-3　非车载充电机充电过程中充电温度与充电电流要求

温度	小于 0℃（加热）	0～55℃	大于 55℃	大于 45℃
可充电电流	0 A	10A	0 A	0 A
备注	恒流充电至单体电压高于额定电压 0.3 V 以后转为恒压充电方式			

4. 动力电池的充电加热（表 4-2-4，仅适用于有加热功能的动力电池）

表 4-2-4　动力电池的充电加热状态

充电状态	车载充电机（慢充）	非车载充电机（快充）
温度	小于 0℃（加热）	小于 5℃（加热）

见表 4-2-4，慢充时低于 0℃的温度点，启动加热模式：闭合加热片，待所有电芯温度点高于 5℃，停止加热，启动充电程序，过程中出现电芯温度差高于 20℃，则间歇停止加热，待加热片温度差低于 15℃，则重启加热片。

加热过程中，正常情况下充电桩电流显示为 4～6 A。

充电过程中充电桩电流显示为 12～13 A。

如果单体压差大于 300 mV，则停止充电，报充电故障。

快充时不高于 5℃的温度点，启动加热模式：电芯温度数据与慢充时相同；如果充电过程中最低温度不高于 5℃，则停止充电模式，也不重新启动加热模式。

5. 动力电池维修检测前的准备

① 关闭钥匙开关。

② 断开低压蓄电池负极电缆。

③ 拔下维修塞，放置在规定位置并等待 5 min。

④ 戴好专用防高压手套。

⑤ 高压部件打开后或插头断开后，使用万用表对其电压进行测量，电压在 36 V 以下才可以进行下一步的操作。

⑥ 在维修作业时对高压部件母端应使用绝缘胶带缠绕，防止高压触电或短路。

⑦ 维修作业前必须佩带高压绝缘手套。

⑧ 禁止带电作业。

⑨ 车辆拆装时，不可同时操作正负极。

⑩ 车辆维修时，不可车体湿润或带水操作。

⑪ 禁止正负对接，避免正极或负极经人体对地。

⑫ 严格遵守 5S 管理制度，养成良好的习惯。

4.2.3　动力电池的故障分类

根据故障对整车的影响，动力电池故障划分为 3 个等级，即一级故障（非常严重）、二级故障（严重）、三级故障（轻微）。

动力电池上报一级故障一段时间后会造成整车出现安全事故，如起火、爆炸、触电等。动力电池在正常工作下不会上报该故障，BMS一旦上报该故障，表明动力电池处于严重滥用状态。

动力电池上报二级故障后会造成整车进入跛行、暂时停止能量回馈、停止充电。动力电池正常工作下不会上报该故障，BMS一旦上报该故障，表明动力电池某些硬件出现故障或动力电池处于非正常工作的条件下。

动力电池上报三级故障后对整车无影响或不同程度的造成整车进入限功率行驶状态。动力电池正常工作状态可能上报该故障，BMS一旦上报该故障表明动力电池处于极限环境温度下或单体电池一致性出现一定劣化等。

一级故障见表4-2-5。

表4-2-5　动力电池一级故障表

故障名称	故障码	对整车的影响
单体电压过压	P0004、P118822	行车模式：电池放电电流降为0 A，断高压，无法行车 车载充电：请求停止充电/停止加热，主正、主负继电器断开 直流快充：BMS发送终止充电，主正、主负继电器断开
电池外部短路（放电过流）	P0006、P118111	
温度过高	P0007、P0A7E22	
电池内部短路	P0014、P118312	

备注：不同批次车辆，相同的故障名称不同故障码，以诊断仪显示的代码和解释为准。

二级故障见表4-2-6。

表4-2-6　动力电池二级故障表

故障名称	故障码	对整车影响
单体电压欠压	P0269	行车模式：限功率至放电电流25 A
BMS内部通信故障	P0279	行车模式：限功率至放电电流25 A，"最大允许充电电流"调整为0 A 充电模式：发送请求停止充电，如果上报故障后2 s内未收到响应，BMS主动断开高压继电器或加热继电器
BMS硬件故障	P0284	
BMS与车载充电机通信故障	P0283	车载充电模式：请求停止充电，或请求停止加热，如果上报故障后2 s内未收到响应，BMS主动断开高压继电器或加热继电器
温度过高	P0258	行车模式：限功率至放电电流25 A，"最大允许充电电流"调整为0 A
绝缘电阻过低	P0276	行车模式：限功率至放电电流25A，"最大允许充电电流"调整为0A 充电模式：发送请求停止充电，如果上报故障后2 s内未收到响应，BMS主动断开高压继电器或加热继电器
加热元件故障	P0281—1	充电模式：请求停止加热，如果上报故障后2 s内未收到响应，BMS主动断开加热继电器

备注：相同的故障名称，根据故障程度级别不同，以不同故障码区分。

三级故障见表 4-2-7。

表 4-2-7 动力电池三级故障表

故障名称	故障码	对整车影响	恢复条件
温度过高故障	P1043	行车模式：放电功率降为当前状态的 50%	重新上电
绝缘电阻过低	P1047	上报不处理	
电压不均衡	P1046	行车模式：放电功率降为当前状态的 40%	
单体电压欠压	P1040		
温度不均衡	P1045	上报不处理	
放电过流	P1042	行车模式：放电功率降为当前状态的 50%	

备注：相同的故障名称，根据故障程度级别不同，以不同故障码区分。

北汽 EV150 动力电池故障在仪表上只显示动力电池故障、动力电池绝缘故障及动力电池系统断开三种故障信息，如图 4-2-5～图 4-2-7 所示。

图 4-2-5 动力电池故障

图 4-2-6 动力电池系统断开

图 4-2-7 动力电池绝缘故障

任务实施

1. 工作准备

防护装备：绝缘防护装备。

车辆、台架、总成：北汽 EV200。

专用工具、设备：专业检测仪、扭力扳手。

手工工具：绝缘拆装组合工具。

辅助材料：警示标志和设备、清洁剂。

2. 实施步骤

以北汽 EV200 电动汽车为例，介绍动力电池故障诊断流程与规范，实施步骤见表 4-2-8。

表 4-2-8　北汽 EV200 动力电池故障诊断流程

1. 前期准备	
	（1）检修高压系统前，必须穿戴由绝缘防护设备组成的手套、鞋、护目镜等
	（2）在维修高压部件时，禁止带电作业。确保车辆充电接口已和外部高压电源断开
	（3）在维修高压部件时，先将车钥匙置于 OFF 挡，并断开蓄电池负极电缆及高压检修开关
	（4）高压电线束和插头的颜色都是"橙色"。车辆维修工作时，不能随意触碰这些橙色部件
	（5）断开高压部件后，立即用绝缘胶带或堵盖封堵线束插接器端口和高压部件端口
	（6）在维修作业时，禁止其他无关工作人员触摸车辆

续表

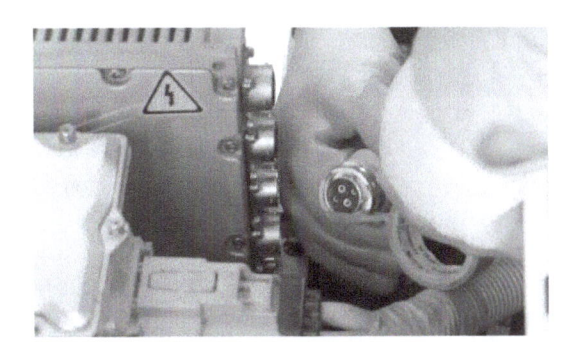

（7）装配后，检查并确认每个零件安装正确，才允许插上高压检修开关

（8）高压系统维修不能在短时间内完成，不维修时需在高压系统部件上放置"高压危险"标签

（9）如果电池着火或者冒烟，立即使用干粉灭火器灭火

续表

步骤	说明
2. 选取车型——北汽 EV200	关闭点火开关，将专用故障诊断仪与故障诊断插座连接牢固。打开点火开关，打开故障诊断仪，在车型选择中选取北汽 EV200
3. 选取对应的模块	进入动力电池管理系统
4. 读取故障码	读取故障码和故障码冻结帧数据并做好相关记录

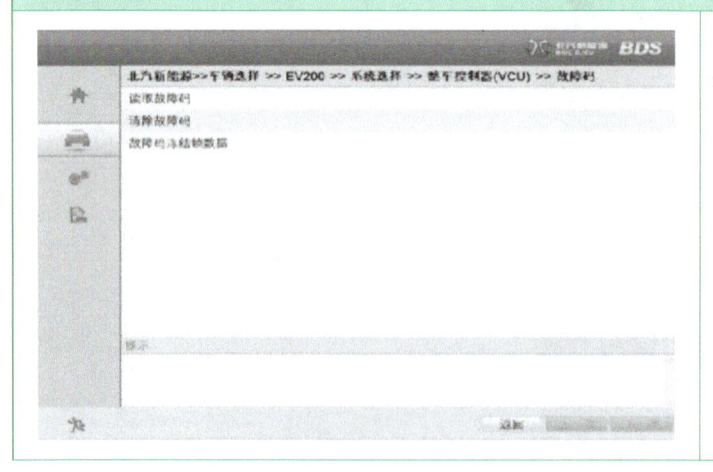

续表

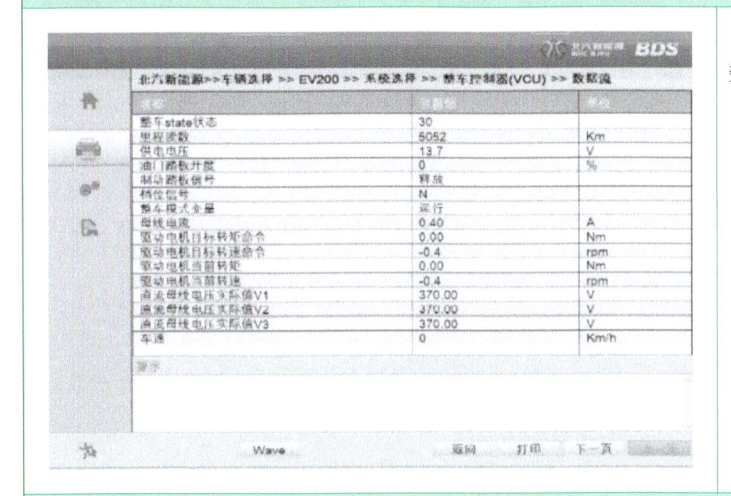

5. 读取数据流	
(数据流截图)	读取动态数据流，找出不正确的数据参数
6. 确定故障部位	
—	根据故障码和数据流确定故障大致方位，然后对故障方位进行部件检测，确定故障部位

任务评价

学习任务评价表

班级：　　　　　　小组：　　　　　　学号：　　　　　　姓名：

项目内容	主要测评项目	学生自评			
		A	B	C	D
关键能力总结	1. 遵守纪律，遵守学习场所管理规定，服从安排 2. 具有安全意识、责任意识和 5S 管理意识，注重节约、节能与环保 3. 学习态度积极主动，能按时参加安排的实习活动 4. 具有团队合作意识，注重沟通，能自主学习及相互协作 5. 仪容仪表符合学习活动要求				
专业知识与能力总结	1. 能正确分析动力电池的故障现象 2. 能正确查阅相关资料，完成动力电池的故障诊断				

续表

项目内容	主要测评项目	学生自评			
		A	B	C	D
个人自评总结与建议					
小组评价					
教师评价		总评成绩		

教师签字：　　　　日期：

参考文献

[1] 关云霞，梁晨. 新能源汽车技术 [M]. 北京：机械工业出版社，2018.
[2] 张凯，李正国. 动力电池管理及维护技术 [M]. 北京：清华大学出版社，2017.
[3] 王刚，荆旭龙，等. 新能源汽车 [M]. 北京：清华大学出版社，2015.
[4] 胡信国. 动力电池技术与应用 [M]. 北京：化学工业出版社，2009.

郑重声明

高等教育出版社依法对本书享有专有出版权。任何未经许可的复制、销售行为均违反《中华人民共和国著作权法》，其行为人将承担相应的民事责任和行政责任；构成犯罪的，将被依法追究刑事责任。为了维护市场秩序，保护读者的合法权益，避免读者误用盗版书造成不良后果，我社将配合行政执法部门和司法机关对违法犯罪的单位和个人进行严厉打击。社会各界人士如发现上述侵权行为，希望及时举报，我社将奖励举报有功人员。

反盗版举报电话　　（010）58581999　58582371
反盗版举报邮箱　　dd@hep.com.cn
通信地址　　北京市西城区德外大街4号　高等教育出版社法律事务部
邮政编码　　100120

读者意见反馈

为收集对教材的意见建议，进一步完善教材编写并做好服务工作，读者可将对本教材的意见建议通过如下渠道反馈至我社。

咨询电话　　400-810-0598
反馈邮箱　　gjdzfwb@pub.hep.cn
通信地址　　北京市朝阳区惠新东街4号富盛大厦1座
　　　　　　高等教育出版社总编辑办公室
邮政编码　　100029

防伪查询说明（适用于封底贴有防伪标的图书）

用户购书后刮开封底防伪涂层，使用手机微信等软件扫描二维码，会跳转至防伪查询网页，获得所购图书详细信息。

防伪客服电话　　（010）58582300